국견 國犬 진돗개

KOREA JINDO, A NATIONAL DOG

KB193090

북코리아

국견 진돗개

2024년 10월 10일 초판 인쇄
2024년 10월 15일 초판 발행

지은이 | 이병억 · 이웅종
기획 | 권오윤
에디터 | 주순진
포토디렉터 | 손양승
펴낸이 | 이찬규
펴낸곳 | 북코리아
등록번호 | 제03-01240호
전화 | 02-704-7840
팩스 | 02-704-7848
이메일 | ibookorea@naver.com
홈페이지 | www.북코리아.kr
주소 | 13209 경기도 성남시 중원구 사기막골로 45번길 14
　　　우림2차 A동 1007호
ISBN | 978-89-6324-201-9 (93490)

값 27,000원

국견 國犬 진돗개

이병억   이웅종

북코리아

차례

WOONG JONG LEE
KOREA

I have been working as a trainer for 34 years and is leading the Korean pet culture and industry. In particular, I am a broadcasting worker as a pet behavior corrector, and am evaluated as a representative pioneer in Korea's educational culture by creating various occupational groups and establishing standards for evaluating the temperament of dogs. I appear as a panel of Korean TV experts to promote various information. It also proposes ways for dogs and people to live together through the revision of the Korean Animal Protection Act and the improvement of companion awareness culture and it has greatly contributed to the importance of dog education in Korea, developing a training class KCMC Ovidance, a Korean-style pet education certification program, and creating a petiquette (pet+etiquette) and etiquette culture for pet owners and non-pet owners across the country. I produced the most championships in Korea through breeding and handlers for various dog breeds. Breeding has been distributing numerous breeds of dog to the domestic dog market, including Jindo, Akido, Shepherd, Golden Retriever, Labrador Retriever, Border Collie, Doberman, Pinscher Rottweiler, Pointer, Samoyed, Pug, Boxer, Beagle, American, Kocaspaniel, Boljoy and Chihuahua etc. In addition, I registered and produced 150 Korean champions in many dog shows and won three handler awards. And by winning the Best Leader Award 13 times in the training competition, it has the a huge influence of a trainer in Korea. As a judge of all FCI Breeders International, I was invited from abroad and I'm working as a judge 8-13 times a year on average and have been deeply trusted by FCI, A2O, and KKF. In particular, I have been continuously striving to develop Korea's pet culture and animal welfare, and I am highly respected for having a great influence on animal welfare and pet culture through many broadcast media appearances and various professional education. Currently, I serve as a director of the Korean Kennel Federation and vice chairman of the judging committee, as well as an international exchange and judge. I have been a professor at Yeonam University for more than 20 years and has been lively active as a member of the FCI International Dog Show, ICP Agility Judge, and KKF German Shepherd, Frisbee, Obedience, Handler, and Training Judge. I am invited as a judge from Korea and abroad to judge at dog shows and training competitions in China, Taiwan, the Philippines, Thailand, India, Indonesia, Hong Kong, Australia, Russia, Singapore, Japan, and Mongolia.

국견 진돗개 사랑 이야기

우리나라에는 진돗개, 풍산개, 삽살이, 동경이 등의 옛부터 내려오는 애견들이 우리와 함께 수천년을 살아왔다. 그중 진돗개가 2005년 7월 6일 아르헨티나 세계애견연맹(FCI) 총회에서 20여 년 각고의 노력 끝에 드디어 국내 유일 세계 공인견 334호로 정식 등록되었다. 지나간 이야기지만 공인견이 되기까지 진돗개를 사랑하는 많은 애견인의 도움이 큰 힘이 되었다.

　　필자는 세계 공인 추진위원장으로 일하며 큰 보람과 책임감을 느끼고 지금까지 노력했지만 공인 후 20여 년이 지난 지금까지 진돗개가 명견 반열에 오르기는커녕 점점 애견인들로부터 외면받고 있다. 세계 공인을 계기로 각광받기를 기대한 만큼 큰 실망과 한편으로는 많은 책임감을 느낀다. 그래서 이번에 지역 신문에 1년 반의 "국견 진돗개 이야기"라는 칼럼을 정리하며 진돗개에 남다른 애정을 가지고 많은 훈련과 올바른 번식, 애견 문화를 위해 애를 써온 이웅종 교수와 함께 진돗개의 전반적인 면을 다룬 『국견 진돗개』를 준비했다.

　　진돗개가 인기가 없는 원인이 무엇일까 생각해보면 아파트 중심의 생활환경이 제일 큰 원인이 아닐까 생각한다. 많은 사람들이 진돗개 정도의 중형견을 아파트에서 기르기를 부담스럽게 생각한다. 하지만 소수이긴 해도 아파트에서 진돗개를 기르는 사람들의 이야기를 들어보면 깨끗하고 쓸데없이 짖거나 아무 곳에나 용변을 보지 않으며 영리해서 참 좋다는 애견인이 많았다.

현재 소형견이 인기가 많고 진돗개는 흔히들 사납다고 생각한다. 하지만 진돗개를 어려서부터 순화되게 잘 기르면 결코 사나운 개가 아니다. 어려서부터 사람 친화적으로 교육이 안 된 개들이 사납다. 사람들이 그 기질과 관리요령을 잘 모르고 사육해 기본교육을 잘못 시키고 진돗개를 과대평가해 모든 것을 잘할 것이라 생각하지만 사실 진돗개도 기본적인 교육은 꼭 필요하다.

그리고 외국인들에게 우리나라는 식견국의 이미지가 아직 조금 있는 것이 사실이다. 진돗개를 세계에 알려 긍정적인 이미지를 심어주고 한국에도 훌륭한 견종이 있다는 사실을 알리는 등 많은 노력을 해서 세계의 유명 전람회 FCI 월드 도그쇼나 영국의 크리프트 도그쇼, 미국의 웨스트 민스트 도그쇼에서 세계적인 명견들과 겨뤄서 최고의 개임을 증명하는 BIS상(Best In Dog Show)을 받는 날을 기대한다.

진돗개를 보는 기준이 단체마다 각각 조금씩 다르고 추구하는 진돗개의 성격까지도 다르다. 과거의 진돗개는 충성심 강하고, 사냥 잘하고, 집을 잘 지키고, 집을 잘 찾아오는 것 등등이 명견의 기준이었다. 지금의 반려견으로서 요구되는 진돗개의 조건은 첫째가 순화교육이다. 식구들뿐만 아니라 타인에게도 위협적이지 않고 어린아이가 만져도 전혀 개의치 않는 '사람 친화적' 성품을 가져야 한다. 이어 다른 개뿐만 아니라 다른 동물들과도 어울려 잘 지낼 수 있는 성품을 가져야 한다. 그래서 진돗개를 좀 더 올바로 알리기 위해 이 책을 준비했다. 또 가능하면 진돗개 표준서에 맞게 사육하고 번식시키면 더욱 바람직하다고 본다. 진돗개가 어떻게 사람 친화적으로 될 수 있는가라고 많은 사람들이 의문을 가지지만 태어나 눈 뜨기 전부터 사람이 매일 만져주고 사랑을 주면 전혀 사납게 되지 않고 사람과 한 식구로 지낼 수 있다.

애견 선진국 하면 영국, 프랑스, 독일, 미국 등이 있는데 수십 종의 공인견을 가지고 있고 가까운 일본은 11종의 세계 공인견을 보유하고 있다. 각국은 자국의 애견을 특별히 관리하며 투자를 많이 하는데 우리 진돗개는 한국애견연맹, 민간단체와 진돗개를 사랑하는 많은 애견인의 도움으로 공인됐다. 참고로 세계애견연맹 등록견은 약 345여 종이 있는데 그중 우리 진돗개는 334번째 공인견이다. 공인견과 비공인견은 엄청난 차이가 있다. 쉽게 말해 올림픽에서 메달을 걸고 겨루는 태권도와 국내에서만 사랑받는 씨름을 생각하면 된다.

애견 선진국에서 자국의 애견 발전을 위해 엄청난 노력을 하고 그 결과로 애견 후진국에 많은 애견들을 수출하고 있다. 우리나라도 과거에는 경제적으로 여유 있는 애견가들이 투자를 많이 해서 지금까지 발전해왔는데 요즘은 애견도 시장의 원리대로 돈이 되는 쪽으로만 발전하고 있다. 그러면서 진돗개는 점점 우리의 관심 밖으로 밀려나고 있다. 현재 새로운 관심의 중심에 우리 진돗개가 있어 이번

『국견 진돗개』 발행이 작은 계기가 되어 국내외 애견인들로부터 사랑받고 보급되기를 기대한다.

2024년 10월
진돗개 세계공인추진위원장 이병억

사람과 반려견이
한 몸이 되어서
즐기는 것이
가장 큰 행복입니다.
반려견이
살아가면서
가장 행복한 순간이
바로 산책입니다.

1장
국견(國犬) 진돗개

1. 인연의 시작, 진돗개 보미

사람은 살면서 우연히 만난 누군가와 깊은 관계로 발전해 결혼을 하는가 하면, 우연히 시작한 일을 평생 직업으로 삼기도 한다. 사람 앞 일은 정말 아무도 모른다. 나는 이 말에 적극 공감한다. 내가 그랬기 때문이다.

보미

1986년, 우연히 신문에서 진돗개 기사를 읽고 관심이 생겨 진돗개를 한 마리 데리고 온 것이 인연이 되어 지금까지 진돗개를 기르고 있을 줄 누가 알았을까. 그때 데리고 온 개가 바로 보미, 두 딸의 이름 한 자씩 따와서 만든 이름이다. 보미는 애견산업 성장기부터 지금까지 이어진 진돗개와의 인연의 시작이라는 점에서 무척 의미가 크다. 해외 사례를 보면 애견산업은 보통 1인당 국민소득 3천 달러에서 시작하는 것으로 알려졌다. 1986년 당시 IMF 기준으로 우리나라 1인당 GDP가 2,803달러였으니 애견산업이 태동하던 시절이었다. 당연하게도 당시 우리나라의 애견문화는 아주 미약했고 그것을 피부로 느끼게 해준 것이 바로 보미였다.

보미의 외적인 모습은 '표준'과 다소 거리가 멀었지만 영리함이나 성격 등 내면은 훌륭했다. 그러다 비슷한 외모의 백구 사이에서 강아지 세 마리를 낳았는데 그중 한 마리가 황구였다. 이상하게 여겨 전문가들에게 물어보니 윗대에 황구가 있어 생기는 자연스러운 현상이라고 말했다. 아무리 생각해도 납득하기 어려웠다.

유명 품종견들은 혈통 보존이 잘 이루어져 있어 새끼가 부모의 외모를 따르는 것이 정상이기 때문이다. 이때부터 진돗개 품종에 대해 끊이지 않는 물음표를 따라 공부를 시작한 것이 세월이 흘러 지금에 이르렀다. 나는 진돗개의 혈통 고정이 당장의 최우선 과제가 아닐까 싶다. 이를 위해 진돗개 전문 브리더의 꾸준한 연구와 노력이 뒤따라야 비로소 진돗개가 세계적인 품종견들과 어깨를 나란히 할 수 있다고 굳게 믿고 있다.

진돗개는 일제강점기 때 천연기념물로 지정된 뼈아픈 역사를 갖고 있다. 일본인 모리 다메조 교수가 천연기념물 등재 신청을 해 1938년 천연기념물로 등재되었다. 일본이 진돗개에 관심을 가진 이유는 단 하나, 일본의 토착 견종과 유사한 생김새를 가졌기 때문이었다. 일본은 이 비슷한 생김새를 두고 '일본과 조선은 하나'라는 조선

침략을 정당화하기 위한 명분으로 내세웠다.

정치적인 계산이 전부였던 탓일까? 천연기념물로 등재하기는 했으나 이후 체계적인 보호가 뒤따르지 않아 진돗개는 큰 관심을 끌지 못한 것으로 알려졌다. 이후 1952년 2월 당시 이승만 대통령이 진도에 잠시 들렀다가 진돗개 이야기를 듣고는 500만 원을 지원하면서 세간에 알려지기 시작했다. 1962년 문화재 보호법 재정과 함께 진돗개는 '대한민국 천연기념물 제53호'로 지정되었다.

그렇다면 진돗개의 뿌리는 어디일까? 유전자 분석에 따르면 진돗개는 에스키모 도그, 사할린 도그와 가장 가까운 친족군을 형성하고 있다. 고구려 고분벽화 등 많은 곳에 지금의 진돗개와 흡사한 그림과 기록이 있지만 아쉽게도 기원에 관한 기록은 정확하지 않다. 한국 토종개가 큰 영향을 미친 것으로 확인된 일본 토종개에 대한 사료에 비추어 보았을 때 진돗개는 약 1,500~2,500년 전부터 한반도에 살았던 것으로 추정된다. 아마 가장 신빙성이 높은 주장이 아닐까 싶다. 고구려의 개를 뜻하는 커다란 '고마이누' 상이 오래전부터 일본의 신사를 지키고 있는 것도 그렇고, 한국 개와 일본 개의 연관성에 대한 자료가 생각보다 많기 때문이다.

1970년대에 진돗개에 대한 관심이 본격적으로 높아지고 우수성을 인정받음과 동시에 무분별한 대량 반출이 시작된다. 외지인은 수단과 방법을 가리지 않고 반출을 시도했다. 밤낮을 가리지 않고 엄청난 금액을 제시하는 일이 비일비재하게 일어났다. 성견은 물론이고 좋아 보이는 강아지까지 모두 팔려나갔다.

1980년대는 현지인의 지원 아래 대량 반출이 이루어져 우수한 순수 혈통의 진돗개가 진도에서 찾아보기 어려워지는 위기를 맞이하기도 했지만, 당시 애견 전람회에 참가한 200~300마리 중 60~70%를 진돗개가 차지할 정도로 인기가 높았다. 덕분에 국내에는 진돗개 관련 단체가 무척 많다. 하지만 단체마다 진돗개의 생김새에 대해 주장하는 바가 모두 달랐다. 저마다 나름의 논리는 있지만 크기부터 꼬리의 모습까지 충분히 이해하는 부분도 있었고 전적으로 부정하고 싶은 내용도 있었다. 진돗개를 오랜 시간 키운 사람들 중에는 겹개와 홑개 등으로 구분하는 사람이 제법 많다. 그 형태를 세세하게 나누다 보니 생김새에 따른 순종 구분법에 대해 의구심을 갖게 된 것이다. 진돗개 세계공인추진위원장이었던 내 입장에서 이야기하자면, 시대의 흐름을 따르는 것이 맞는 것 같다. 이제는 진돗개도 시대 중심으로 생각해야 한다. 개를 데리고 사냥을 다니던 과거가 기준이라면 사냥에 적합한 형태가 명견의 기준이 되겠지만 지금은 사정이 다르다. '표준'을 따르는 미적 요소를 더해야 한다.

독일의 명견 저먼 셰퍼드를 예로 들어보자. 이 개의 현재와 1970년대 모습은 거의 다른 개에 가깝다. 누구나 한눈에 알아볼 수 있을 정도로 확연하게 다르다. 근본이 뒤바뀌는 것은 아니지만 시대 변화에 따라 개의 외적인 모습에 변화가 찾아오기 때문이다. 하지만 여기에서 근본이라 할 수 있는 '표준'이 없으면 골머리를 앓기도 한다. 20~30년 전에도 전람회에서 높은 상을 받은 진돗개들은 혈통도 먹이도 달라 지금처럼 균형 잡힌 체형이 많았는데, 기초 상식이 부족한 상태에서 개를 집단으로 사육하는 사람들은 이들을 잡종으로 여기기 일쑤였다.

불균형한 영양 상태로 다리가 휘어지거나 등선이 내려가는 등 발육 불량으로 표준에 미치지 못하거나, 혹은 개인의 취향에 따라 다리나 몸통의 길이를 늘리거나 줄이는 진돗개들이 많았다. 아무리 인정받은 진돗개라 한들 순종으로 인정하기는 어려웠을 것 같다. 하지만 지금은 그로부터 시간이 제법 흘렀고 2005년 세계 공인을 받은 표준까지 정해졌다. 진돗개가 세계적인 명견의 반열에 오르기 위해 우리가 정한 표준을 지켜야 진돗개를 세계에 널리 알릴 수 있는 명분이 생긴다.

2004년 FCI(세계애견연맹) 표준위원장과 과학위원장이 참석한 마지막 표준서 정리 과정에서 FCI의 과학위원장 브라스 씨는 "좀 더 폭을 넓혀서 체중과 사이즈를 확대하자"고 제안했지만 나는 임시로 공인을 받았을 때부터 많은 사람들과 합의를 이룬 사항이라 변경이 어렵다는 점을 강조했다. 진돗개의 표준은 큰 변화 없이 그대로 지금의 세계 공인견 표준서로 확정됐다. 이제 내 입맛에 맞게 재단하는 시절은 끝났다. 아직까지 이렇다 할 거시적 성과는 없지만 100점짜리 진돗개를 향해 나아가는 많은 사람들의 노력이 있기에 언젠가는 진정으로 웃는 날이 올 것이다.

'모르는 것이 약'이라는 속담이 있다. 영미권도 비슷한 의미로 'Ignorance is bliss'라는 속담이 있다. 우리와 이역만리 떨어진 곳에서 살았던 사람들조차 때론 모르고 지나가는 것이 행복하다는 삶의 진리를 아주 오래전부터 깨우치고 있었다는 것 아닌가? 이렇게 무지에 대해 칭송하며 장황하게 늘어놓는 이유는 진돗개에 대해 알면 알수록 머리가 아파오기 때문이다. 진돗개를 공부할수록 엄격한 기준 때문에 개를 키우는 것이 정말 어렵다는 생각이 자주 든다.

몇 해 전, 어느 성씨 종친회본부에 진돗개 황구 한 쌍을 분양했던 적이 있다. 잔디가 깔린 마당에 진돗개를 내놓고 있으니 70~80세 정도 되는 어르신들이 나와 구경하면서 수컷에게 "참 잘생겼네", 암컷에게 "입이 삐죽하게 튀어나온 게 순종이 아닌가"라는 이야기를 하셨다. 한 어르신은 개들의 꼬리를 잡고 거꾸로 들더니 "수컷은 소리를 안 내니 순종이고 암컷은 소리를 내니 별로 좋지 않다"는 말씀을 하셨다. 명문화가 이루어진 표준보다는 누군가의 말 한마디가 더 중요하게 작용하다니. 가볍게 넘길 수도 있었지만 나는 진돗개의 고정관념에 대해 다시 한번 생각을 정리하는 기회로 삼았다.

자, 이제 전문적으로 따져보자. 수컷은 얼굴이 넓고 발이 커서 잘생겼지만 암컷은 입이 길어 못생겼다고 한 부분, 미안하지만 잘못된 평가다. 암컷과 수컷은 어렸을 때부터 얼굴 생김새가 다르고 성장할수록 이 차이가 점점 더 뚜렷하게 나타나야 한다. 그런데 수컷의 얼굴이 길고 예쁘다면 표준에서 그만큼 멀어지게 된다. 물론 암컷이 수컷처럼 생긴 것도 좋은 평가를 받을 수 없다. 이해가 잘 안 간다면 사람을 예로 들어보면 이해가 빠를 것이다. 그리고 꼬리를 들어보고 소리를 내는 것으로 순종을 판단하는 것도 잘못된 평가 방법이다. 진돗개는 대체로 인내심이 강해 소리를 내는 일이 거의 없다. 수컷이 이런 성향이 더 강하고 암컷은 예민한 성격을 갖고 있다. 진돗개는 주인에게 감정표현을 잘 하는데, 암컷이 특히 애교가 많고 수컷은 주인에게 뛰어오르기를 좋아한다. 이러한 특성이 있어 일리가 있긴 하지만 100% 정확한 평가 방법으로 보기는 힘들다. 그렇기에 평가 기준은 더더욱 엄격해야 한다. 소리 한번 잘못 내지른 순종 진돗개가 하루아침 사이 잡종으로 전락하는 일만큼은 막아야 하니까.

아키타는 일본을 대표하는 견종이다. 하지만 아이러니하게도 미국 아키타의 인기가 더 높다. 전람회에 나오는 아키타 역시 미국 출신이 대부분이다. 미국 아키타가 변화하는 애견시장에 보다 더 유연하게 대처했기 때문이 아닐까? 패션 트렌드처럼 명견의 기준에도 유행이 있다. 옛날에는 명석함이나 싸움, 사냥 실력 등을 기준으로 삼았는데 요즘은 눈에 보이는 것, 특히 털의 색을 중요하게 여긴다. 진돗개의 경우 주변에서 쉽게 볼 수 있는 백구나 황구를 떠올리곤 한다. 유럽은 황구를, 미국이나 아르헨티나는 반대로 백구를 선호한다. 진돗개에 대한 이미지는 다른 나라라고 크게 다르지 않은 것 같다.

황구는 가슴이나 배의 색상이 다소 연한 것이 이상적이다. 강아지 때는 보통 검은 계열의 어두운 색상이지만 성장할수록 색이 점점 연해지다가 7~8개월이 되면 본래의 황색을 띤다. 황구의 색은 모두 황색을 띠어야 한다. 다소 연한 것은 상관없지만 가슴이나 다리가 지나치게 흰색을 띠면 바람직하지 않은 것으로 간주한다. 반대로 백구의 귀나 꼬리, 뒷다리가 황색을 띠는 경우가 있는데 과거에 백구와 황구를 구분하지 않고 번식했던 흔적이라고 한다. 요즘은 혈통 번식을 지향해 이러한 혼색이 점차 없어지는 추세다.

진돗개는 이외에도 다양한 색상을 보유하고 있다. 실제로 FCI는 황구, 백구, 흑구, 블랙탄, 재구, 호구로 총 여섯 개나 되는 색상을 표준으로 공인했다. 하지만 정작 진돗개의 본거지라 할 수 있는 진도군은 황구과 백구 두 가지 모색만을 대상으로 보호 정책을 실시하고 있다. 1967년 진돗개 보호육성법 심사기준이 정해진 후로 현재까지 그 기준을 그대로 유지하고 있다. 그 이전에 일곱 가지 색의 진돗개가 존재했다는 기록이 있음에도 말이다. 두 가지 색의 진돗개만 좋은 것이고 나머지는 보호할 가치가 없다는 것인가?

우리는 FCI 공인을 받음으로써 세계적인 흐름에 맞춰 진돗개를 육성할 수 있는 기회를 얻었다. 문제는 기본적인 뼈대를 세우는 데서 그쳤다는 것이다. 심히 안타까운 일이 아닐 수 없다. 앞서 강조했듯이 요즘은 색상에 대한 요구가 무척이나 까다롭다. 지역에 따라 선호하는 색상도 모두 다르다. 진도군은 공인 색상을 함께 육성하는 방법을 고민해봐야 하지 않을까? 늦었지만 지금이라도 색상에 대해 깊은 논

의가 이뤄져야 한다. 진돗개라고 아키타 꼴이 나지 말라는 법은 없으니까 말이다. 미국 진돗개? 영국 진돗개? 상상조차 하고 싶지 않다. 참고로 진돗개 표준 지침서는 이 책의 부록에 수록했다.

2. 진돗개의 표준에 대하여

진돗개는 균형이 잘 잡힌 체형의 중형견으로 사냥 효율성을 높이기 위한 적당한 크기, 날렵한 모습이 특징이다. 진돗개는 다부지고 짜임새 있는 인상을 주며, 어떤 이들은 자신감, 야성미를 느끼기도 한다. 그렇기 때문에 사람을 보면 꼬리를 말고 숨을 곳을 찾아다니는 모습은 바람직하지 않다. 반대로 지나치게 공격성을 내비치는 것 또한 좋은 진돗개라고 할 수 없다. 진돗개는 무조건 사납다고 생각하는 사람들이 많은데 실제로는 그렇지 않다. 물론 태생이 사냥개라 방치하면 점차 본능에 충실해지고 결과적으로 사나워질 수밖에 없다. 하지만 평범한 개 키우듯이 어릴 때부터 사람이 자주 만져주고 산책하는 등 외부 환경에 적응할 시간을 충분히 주면서 키우면 사람을 잘 따르는 개가 된다.

체고(體高)는 수컷 50~55cm, 암컷 45~50cm, 체중은 수컷 18~23kg, 암컷 15~19kg가량이다. 이상적인 크기는 수컷 53~54cm, 암컷 48~49cm이다. 참고로 개의 체고는 앞발의 뒤에서 어깨까지 수직으로 측정한 길이를 말한다. 그리고 한눈에 봤을 때 수컷과 암컷을 구분할 수 있을 정도로 암컷과 수컷의 성적·신체적 특징이 명료하게 드러나는 것이 좋다.

진돗개는 타고난 유연성으로 앞다리와 뒷다리의 기동성이 뛰어나고 강한 근육, 튼튼하고 두꺼운 뼈를 갖고 있다. 특히 목의 둘레는 다른 견종과 비교해봐도 상당히 굵은 편이다. 사냥감을 물거나 제압하기 위한 목이 두드러지게 발달했다. 실제로 좋은 진돗개들은 대체로 목이 굵고 힘이 넘친다. 이러한 외적 요소 덕에 진돗개는 체고와 체장(體長)의 비율, 사지의 균형이 견고해 보이는 인상이 강하다. 체고와 체장의 비율은 10:10.5로 산악지형이 많은 우리나라의 지리적 특성에 알맞게 체중이 네 다리에 고르게 실리는 균형 잡힌 체형을 갖고 있다. 측면에서 봤을 때 등선은 바르고 허리는 강하며, 배는 볼록하지 않고 항상 긴장한 상태로 날씬하게 보여야 한다.

진돗개의 털은 이중모로 이루어져 있으며 보기에 따라 삼중모처럼 보이기도 한다. 속털은 촘촘하고 빽빽하며 부드럽다. 겉털은 빳빳하고 속털에서 1~2cm 밖으로 솟아 있는 형태다. 몸통에 나는 털에 비해 머리와 다리, 귀의 털이 더 짧고 목과 등, 꼬리, 대퇴부는 다른 부위보다 털이 길게 난다.

일부에서 흔히들 말하는 낚시털을 최고로 여기곤 하는데 이는 한참 잘못된 정보다. 진돗개의 털이 거친 환경이나 영양 부족 등 부정적 외부요인에 장기간 노출되면 털이 낚싯바늘처럼 휘어지면서 낚시털로 자라게 된다. 보통은 낚시털이 없어야 정상인데, 아무리 일부라 해도 잘못된 정보가 정설인 것처럼 여겨지는 현실이 안타까울 따름이다.

금-황진

3. 목에서 꼬리까지

겉으로 보이는 근육만으로 정확한 힘을 측정하기는 어렵지만 신체
적 발달 정도는 짐작할 수 있다. 표준서를 기준으로 진돗개의 외형을
볼 때 근육이 중요한 것도 바로 이런 이유다. 먼저 진돗개의 목은 평
상시에는 힘차고 당당하게 곧추세우고, 긴장하면 아치형을 이룬다.
나아가 흥분 상태가 되면 더 둥글게 굽어지며 용맹한 모습을 보인다.
앞서 언급했듯이 진돗개의 목은 상당히 두껍다. 다른 견종과 비교해
봐도 상대적으로 매우 두꺼운 수준이다. 진돗개에게 무는 힘은 필수
다. 사냥감을 물어서 제압하려면 강력한 턱 힘을 받아낼 수 있는 목
근육이 반드시 필요하다. 자기보다 몸집이 큰 동물과 겨뤄 이길 수 있
는 것도 강한 목이 받쳐 주기 때문이다. '이래도 되나?' 싶을 정도로
어렸을 때부터 형제끼리 격하게 싸우면서 크는 게 다 이유가 있는 것

이다.

등은 탄탄하며 바르게 펴진 모습을 하고 있다. 또한 등은 목에서부터 꼬리까지 마디마디 뼈가 튼튼하게 연결돼 있다. 측면에서 봤을 때 등선이 내려간 경우는 선천적·후천적 요인 두 가지로 나뉜다. 전자는 유전적으로 문제가 있어 등뼈가 약한 것이고 후자는 성장 과정에서 영양 상태가 좋지 않았던 것으로 봐야 한다. 암컷이라면 여러 번의 출산으로 인해 등선이 내려갈 수도 있다.

허리 근육은 잘 발달해 있고, 탄력이 있으며, 적당히 가늘고 흉곽보다 좁아야 한다. 인정받는 진돗개들을 옆에서 보면 허리가 매우 가는 것을 볼 수 있다. 운동선수의 허리가 가는 것과 같은 이치다. 간혹 '통골형'이라고 허리가 굵은 진돗개 이야기를 하는 사람이 있지만, 나는 허리가 가늘어야 예쁘다고 생각한다. 가슴은 강하고, 적당히 깊으며, 너무 넓지 않아야 한다. 흉심의 가장 깊게 내려온 선은 팔꿈치 뼈보다 약간 위에 위치해 있는 것이 좋으나, 어느 정도 수평 상태도 괜찮은 형태로 여긴다.

늑골은 탄력이 있고, 가슴의 근육은 잘 발달할수록 좋다. 배는 위로 붙어 있어야 하는데, 배가 볼록한 것은 좋은 진돗개라고 할 수 없다. 꼬리는 밑으로 내렸을 때 그 끝이 뒷다리 발목 부분인 비절(정강이)에 닿아야 한다. 꼬리가 너무 길거나 짧은 것 두 가지 모두 바람직하지 않다. 꼬리의 뿌리는 약간 높은 곳에 위치하고 힘차게 서 있어야 하며, 걸을 때 이리저리 움직이는 것은 좋지 않다. 모양은 장대형 또는 말려 있는 형태를 띠고, 꼬리의 끝은 등 위나 옆구리에 닿는다. 돼지 꼬리처럼 지나치게 말려 있으면 안 된다. 털은 적당히 풍성하게 꼬리를 덮고 있다.

진돗개의 꼬리는 추적하거나 달릴 때 배의 키 역할을 하는 대단히 중요한 부분으로 지나치게 가늘거나 털이 길어 날리는 것은 바람직하지 않다. 꼬리가 굵다는 것은 등뼈가 튼튼하다는 반증이기도 하다.

토종

4. 발, 어깨, 대퇴부

마라톤 선수의 뛰는 자세, 손을 흔드는 형태 등은 42.195km를 뛰는 데 지대한 영향을 끼친다. 그런 의미에서 몸의 균형은 상당히 중요하다. 균형 잡힌 모습으로 뛰어야 몸에 쌓이는 피로를 최소화할 수 있다. 진돗개 역시 사람과 마찬가지로 몸의 균형이 중요하며 이를 이루는 골격도 하나하나 모두 조화로워야 훌륭한 진돗개로 거듭날 수 있다.

먼저 앞다리를 보자. 강한 힘으로 상대를 제압하려면 이를 버텨 내는 앞다리의 모양이 중요하다. 앞다리는 앞에서 봤을 때 곧게 서 있고 두 다리가 평행을 이루어야 한다. 가슴보다 안쪽으로 좁은 모양은 바람직하지 않으며 다리가 둥글게 휘어 보이는 것은 이보다 더 안 좋은 형태로 간주한다. 앞다리를 지탱하는 어깨는 강하고 힘이 있으며,

뒤로 잘 젖혀져 있다. 발꿈치(무릎)는 몸에 가깝게 위치해야 하며, 안쪽 또는 바깥쪽으로 굽으면 안 된다. 발목은 옆에서 봤을 때 앞쪽으로 50도 정도 경사져 있어야 한다. 이 각도는 사냥개의 덕목 중 하나인 달리기 실력에 직접적인 영향을 끼친다. 앞다리가 지면을 박찰 때마다 순간적으로 자기 몸무게의 수배에 달하는 힘이 작용해 앞다리에 부담을 주는데, 발목의 각도는 이러한 부담을 덜어주는 완충 역할과 밀접한 연관이 있다. 당연하게도 곧게 서 있거나 지나치게 꺾인 발목은 달리기에 불리한 형상이다. 발목을 지지하는 앞발 그리고 뒷발의 모양은 원형으로 고양이와 비슷하다.

발가락은 다소 짧은 대신 단단하며 발톱은 검은색이 좋다. 발바닥은 두껍고 단단하되 탄력이 있어야 한다. 시멘트 바닥이나 철망 같은 곳에서 자라면 이따금씩 발가락이 심하게 벌어지는 경우를 볼 수 있는데 표준이라는 기준으로 따지자면 아주 바람직하지 않은 모습이다. 걸음걸이가 경쾌함과는 거리가 멀고 조금만 걸어도 주저앉는 등 힘들어하는 모습을 보이기도 한다. 선진국일수록 발의 건강에 집중하는 경향이 강하다. 바닥에 직접 맞닿는 발바닥에서 균형이 무너지면 그 부정적인 여파가 다리, 골반, 척추, 그리고 턱까지 이어진다는 사실을 잘 알고 있기 때문이다. 사람이든 동물이든 균형 잡힌 몸은 건강한 생활의 출발점이자 전부라고 볼 수 있다. 진돗개를 건강하게 키우고 싶다면 흙이나 잔디에서 많은 시간을 보낼 수 있도록 많은 노력을 기울여야 한다.

뒷다리 각도는 옆에서 봤을 때 120~125도 정도가 바람직하다.

뒷다리의 발목인 비절의 각도는 130~135도 정도가 이상적이다. 앞다리와 마찬가지로 두 다리가 꼿꼿하게 서서 평행을 이루어야 한다. 두 다리의 사이가 넓게 벌어져 있거나 좁지 않고 적당한 거리를 유지해야 한다. 가끔 며느리발톱을 가진 개들이 있는데 이는 제거하는 것이 좋다. 대퇴부는 근육이 잘 발달해야 한다. 대퇴부는 뒤에서 밀어주는 힘, 즉 추진력을 담당하기 때문이다.

한 백야 한우리

5. 진돗개의 걸음걸이

패션 모델에게 워킹은 매우 중요하다. 걸음걸이와 몸매의 아름다움은 비례하기 때문일 것이다. 그들은 머리에 책을 올리고 바르게 걷기 연습을 하는 등 걷는 연습을 위해 수년간 공을 들인다고 한다. 모델 이야기를 꺼낸 것은 개도 걸음걸이가 매우 중요하기 때문이다. 아무리 좋은 진돗개라 해도 정작 워킹을 할 때 꼬리를 숨기고 엉거주춤 걸으면 좋은 성적을 기대하기 어렵다. 그렇다면 진돗개는 어떻게 걸어야 할까?

일단 걸을 때마다 힘이 느껴져야 한다. 수평을 유지하며 안정적으로 걷고 빠르게 걸을 때엔 머리를 위로 치켜세우고 걷는다. 빠르게 속도를 내면 머리가 어깨 근처까지 내려온다. 꼬리는 선박의 키 역할을 하는 만큼 그 윗부분은 가고자 하는 방향에 따라 조금씩 움직이지만 반대로 천천히 움직이거나 걸을 때는 움직임이 거의 없다. 이렇게 걸음걸이 하나에도 기준을 정하는 것은 근육의 발달 정도와 뼈의 조합을 판단할 때 보통 걸음걸이를 기준으로 삼아서 그렇다.

그래서 개체 심사 진행을 할 때는 업&다운을 통해 전구와 후구 융심의 폭과 정상적인 보행을 하는 지를 살펴보고 라운딩을 통해 안정적인 걸음걸이, 상태, 체구비율, 밸런스 등 견종의 본질과 표준서에 가까운 이상적인 특징을 살펴보며, 개체심사가 끝나면 비교심사를 통해 우수한 품종을 선정한다. 심사 외적으로 중요한 것은 핸들러와 개가 호흡을 맞춰 유기적으로 움직여야 좋은 평가를 받을 수 있다.

걸음걸이가 중요한 이유는 또 있다. 보이지 않던 문제점까지 찾아낼 수 있는 기회를 제공하기 때문이다. 보통 유전적으로 뼈에 문제가 있으면 걸음걸이에서 금방 티가 난다. 하지만 가만히 서 있을 때는 심사위원조차 문제점을 찾아내기 어렵다. 예전에 정부의 지원으로 개최된 진돗개 전람회를 참관한 적이 있는데 심사 방식에서 큰 충격을 받았다. 말뚝에 진돗개를 묶어두고 심사위원이 지나가면서 보는 것이 심사의 전부였던 것이다. 그걸 보면서 진돗개의 세계 진출은 아직도 멀었다는 생각이 들었다. 토론회에서 심사 관계자에게 "이런 방법으로 심사해서는 안 된다"며 개선이 시급하다고 강조했던 기억이 난다. 훌륭한 진돗개란 모든 면에서 표준에 가깝고 건강해야 하며 유전적·외형적으로 문제가 없어야 한다. 쉽게 말해 문제가 없으면 좋은 진돗개라 할 수 있다. 하지만 이러한 수박 겉만 핥는 심사로는 문제점을 파악하는 데 한계가 있다. 세계적인 명견의 반열에 오르려면 우리의 평가 방식 또한 세계적인 수준이어야 하지 않을까?

백야(백두산)

6. 진돗개 바로 알기

근육

뼈를 지탱하는 근육의 모양 역시 심사위원의 눈길을 피해갈 수 없다. 적당한 운동으로 근육을 키워야 표준에 가까운 외형을 유지할 수 있는데 심각한 결함인 '빈약한 근육'을 가진 진돗개가 가끔 보인다. 여기에는 여러 원인이 있는데 가장 먼저 허약하게 태어나 근육의 양이 부족할 수 있다. 허약 체질을 타고나는 사람이 있듯이 진돗개 또한 마찬가지다. 키우는 과정에서 야기되는 영양 혹은 운동 부족 또한 근육 부족의 원인으로 손꼽힌다. 또 어미에게 모유를 충분하게 공급받아야 하고 생후 한 달 정도부터는 구충과 예방접종에 신경 써야 한다.

　　예방접종은 1차를 30일경부터 해주고 15일 간격으로 다섯 차례 예방접종을 해줘야 질병을 일으키는 바이러스나 세균 등의 항원을 약화시키거나 죽여서 건강하게 성장할 수 있다. 어렸을 때 한번 크게 아프면 성장 과정에 악영향을 끼쳐 다 커서도 허약한 경우가 종종 있다. 종합백신(DHPPL)은 디스템퍼, 파보바이러스, 랩토스파이 등을 이겨내는 데 중요한 역할을 한다. 과거에는 3차 접종까지 했으나 요즘은 보통 4~5차까지 한다.

　백신으로 면역력 강화에 신경을 썼는데도 진돗개의 근육이 빈약하다면 건강한 신체를 유지할 수 있도록 운동에도 신경을 써주어야 한다. 매일 묶어 두거나 좁은 공간에 가둬 놓으면 근육이 발달하지 않을뿐더러 진돗개의 건강에도 좋지 않으므로 거주 환경과 규칙적인 산책, 적절한 운동 등에 신경을 쓰도록 하자.

뼈

표준서에는 뼈의 결함에 대해 '뼈가 지나치게 굵거나 얇은 것'이라고만 기록돼 있는데, 보통 유전적인 문제와 연관이 깊어 이렇게 간단히 서술하고 넘어갈 문제는 아니다. 그중 중~대형 견종에서 가장 많이 나타나는 퇴행성 유전 질환인 고관절 이형성(異形性)은 세계적인 명견들에게도 심각한 위협이 되고 있다.

　보통 유전적 결함으로 인한 비정상적인 발육이 원인으로 지목된다. 이 질환을 앓는 개는 나이를 먹을수록 걸음걸이가 이상해지고 다른 동년배의 개에 비해 움직임이 둔하고 걷는 것을 싫어한다. 심한 통증으로 다리를 바닥에 끌고 다니기도 한다. 고관절은 대퇴골의 머리와 골반골의 소켓을 잇는 구조물로 이 질환을 앓는 개는 고관절이 정확하게 자리를 잡지 못해 움직일 때마다 뼈가 손상을 입으면서 통증을 유발하며 상태가 악화되면 탈구로 이어질 수도 있다.

'골연골증(骨軟骨症, osteochondrosis)' 역시 중~대형 견종에서 흔하게 찾아볼 수 있다. 연골에 문제가 생겨 뼈끼리 서로 직접 마찰을 일으켜 심한 통증을 유발하는 질환이다. 고관절 이형성과 달리 원인이 명확하게 밝혀지지 않았다. 유전적인 면도 있고, 지나친 체중 증가와 호르몬 이상으로 발생할 수도 있다.

뼈의 문제는 새끼들에게 유전될 확률이 높아서 그런지 요즘은 중~소형 견종에서도 심심치 않게 볼 수 있다. 뼈 질환을 앓고 있다면 심한 운동을 삼가고 점프를 못 하게 해야 한다. 체중이 증가하면 그만큼 뼈에 부담이 가니 정상 체중을 유지하도록 항상 신경 써야 한다. 이런 유전적 문제를 가지고 있는 개체는 좋은 평가를 받기 어려운 것은 물론이고 죽을 때까지 통증과 싸워야 한다. 안타깝지만 개의 삶의 질 향상을 위해 번식을 지양해야 한다. 그나마 다행인 것은 아직 진돗개는 이런 질환에서 비교적 자유로운 편이다.

귀와 꼬리

쫑긋한 귀와 말린 꼬리는 진돗개를 이야기할 때 가장 먼저, 많이 언급되는 대표적인 외형적 특징이다. 표준서에는 '좋은 진돗개의 귀는 중간 정도의 크기이고, 삼각형 모양으로 도톰하고 힘차게 서 있다. 귀뿌리는 머리보다 너무 높거나 낮게 위치하지 않으며 귓등은 전체적으로 보아 앞으로 약간 숙인 듯하면서 목 등의 선과 일치를 이룬다'고 적혀 있다. 또한 '귓속의 털은 부드럽고 밀생되어 있는 것이 좋다'고 아주 자세하게 설명해놓았다. 좋은 진돗개 중에서 귀가 정상적으로 서지 않는 개들이 많은 편이라 귀에 조금 결함이 있는 정도는 감점으로 끝난다. 결함이나 실격 사항에 결함으로 언급돼 있지만 실격으로 이어지진 않는 것이다. 100점짜리 진돗개는 세상에 없다. 100점을 목표로 만들어 갈 뿐이다.

하지만 그럼에도 불구하고, 분명한 것은 귀가 서지 않는 진돗개를 완벽한 진돗개라고 볼 수는 없다는 점이다. 개의 귀는 곧게 선 형태에서 시작해 견종에 따라 형태가 변한 것인데, 진돗개의 귀가 쫑긋하게 서 있는 것은 다른 견종보다 소리에 민감하다는 것을 의미한다. 개의 청각은 매우 발달하여 인간보다 4~8배 정도 더 먼 거리의 소리를 감지할 수 있으며, 사람이 들을 수 없는 정도의 높은 진동수를 가진 소리를 들을 수 있다. 아이들이 약 20kHz의 진동수까지 감지할 수 있고, 성인은 그보다 작다. 개는 35kHz부터 아주 예민한 개체는 100kHz 이상까지 들을 수 있다. 진돗개의 귀를 가만히 보고 있으면 소리에 따라 귀의 방향이 움직이는 것을 볼 수 있다. 사냥개에게 사냥감의 위치와 종류를 감지하는 것이 대단히 중요한 능력인 만큼 쫑긋한 귀가 갖는 의미는 생각보다 크다고 할 수 있다.

　또 다른 결함으로는 앞서 언급한 꼬리 부분이다. 표준서에는 진돗개의 꼬리 결함에 대해 '처진 꼬리 및 짧은 꼬리'로 기록돼 있다. 진돗개의 꼬리는 형태적 중요성이 있고, 민첩하게 움직이기 위해 꼭 필요한 부위이기 때문에 너무 짧거나 긴 것은 상당한 결함 사유에 포함된다. 길이 문제는 유전적 요소가 대부분이며 가끔은 발육 문제로 인한 형태 변형 사례도 볼 수 있다.

각도와 비절

육체미를 뽐내는 미스터코리아 선발 대회를 시청하다 문득 진돗개 심사를 하던 때가 생각났다. 근육질의 몸이 내 눈에는 모두 비슷하게 보였는데, 어떤 기준으로 심사할지 궁금했기 때문이다. 원칙은 바로 사람이 갖는 정상적인 밸런스와 운동을 열심히 했을 때 나타나는 근육, 각도의 조화라고 생각했다. 팔은 다부진데 허벅지가 아주 빈약하다면 이는 분명 정상이 아닐 것이고, 근육은 좋은데 어깨가 구부정하면 각도가 전혀 안 맞을 것이다. 개도 이와 비슷한 시각으로 보면 좋을 것 같다.

　얼굴이 아주 잘생긴 진돗개가 있었다. 그런데 뒷다리가 직선에 가까울 만큼 곧게 뻗어 있었다. 모질도 좋고 색상도 황구로서 너무 좋은 녀석이었지만 뒷다리의 각도가 맞지 않았다. 아르헨티나에서 심사를 볼 때 절대다수의 백구 사이에서 단 네 마리뿐이었던 황구를 모두 탈락시킨 일도 있었다. 일단 체형의 비율이 맞지 않았고 백구에서 태어난 황구인 것처럼 가슴과 다리 등에 하얀색 털이 너무 많았다. 이런 문제는 새끼를 낳아도 80% 이상이 그대로 유전된다.

뒷다리의 비절 각은 유전적인 면과 후천적인 면 두 가지가 있는데, 전자는 부모의 모양을 그대로 물려받아서 그런 것이다. 사람도 가끔은 5살짜리가 걷는데 그 아이 아버지의 걸음과 똑같은 것을 종종 볼 수 있다. 어머니와 같은 모습으로 걷는 딸도 많이 있는 것처럼 말이다. 후자는 운동, 영양상태 등이 원인으로 꼽힌다.

일반 외모에 전구, 중구, 후구 밸런스가 맞지 않으면 곧게 선 뒷다리의 영향으로 엉덩이가 있는 후구가 높아 등이 앞다리 부위보다 뒷다리의 각이 안 맞거나 일직선에 가까운 개를 볼 수 있는데, 어렸을 때부터 제대로 운동이 안 된 개체 중에서 많이 나타나는 현상이다. 이런 형태의 개는 걸음걸이부터 부자연스럽다. 사람처럼 개의 몸도 조화를 이루어야 한다. 어느 한 곳이라도 비정상적인 형태를 가지면 연결된 다른 부위까지 각도가 틀어진다.

털

털은 개의 특징을 잘 나타내는 기준이다. 또 생존과 미적 가치 양쪽 모두에 중요한 요소다. 좋은 털은 애견인에게 개를 선택하는 기준이 되고 심사위원에게는 심사의 기준이 되기도 한다. 개의 털은 크게 세 가지로 짧은 길이의 단모종, 중간 길이의 중모종, 긴 털을 가진 장모종이 있다. 대표적인 단모종은 도베르만, 핀셔, 복서, 볼테리어 등이 있고, 중모종은 아키타, 자이언트 슈나우저, 시베리안 허스키 등이 있다. 대표적인 장모종은 요크셔테리어, 말티즈, 영리해서 많은 사랑을 받는 보더콜리 등이 있다. 세부적으로 들어가면 극단적인 단모나 진돗개 정도의 중모, 알래스칸 맬러뮤트 정도의 중모로 나뉘기도 한다. 그런데 요즘 진돗개의 털이 상당히 짧아지는 경향을 보인다. 털의 종류는 살고 있는 지역의 날씨와 주변 환경에 직접적인 영향을 받기 때문이다.

진돗개가 진도에 있을 때는 영양 상태가 부족하고 바닷바람이 강했다. 그런 악조건에서 추위에 대한 적응력이 꼭 필요했는데 육지의 진돗개들은 자라는 환경이 옛날과는 많이 달라졌다. 세계 공인 원본에서 피모(coat)에 대해 '털은 이중으로 구성돼 있다. 하모는 부드럽고 조밀하며, 색깔은 엷으나 상모를 지지해줄 만큼은 되어야 한다. 상모는 뻣뻣하고 몸통에서 약간 밖으로 솟아 있다. 몸통의 털에 비해 머리, 네 다리 및 귀의 털은 더 짧고 목, 어깨 및 등의 털은 더 길다. 꼬리와 대퇴부 뒷부분의 털은 다른 부분의 털보다 길다'라고 기록하고 있다.

표준에서 벗어나는 지나친 장모를 좋은 진돗개로 여기던 때가 있었다. 또 1970~1980년도에 중국의 차우차우와 교배해 태어난 개들은 검은 점이 있는 혀가 특징이었다. 시간이 흐르면서 조금의 변화는 필연으로 따르겠지만 무엇이든 정상적인 방향성, 즉 표준의 범위 안에서 발전해 나가야 한다고 생각한다.

체고와 고환

이번에는 결함 정도가 아니고 더 심각한 실격 사유에 대해 이야기해 볼까 한다. 먼저 덩치가 지나치게 작거나 큰 것은 심사대상에 올리지 않고 바로 제외한다. 개의 키 즉, 체고는 앞다리에서 직선으로 어깨까지 높이를 뜻한다. 예를 들어 진돗개 수컷의 체고는 50~55cm가 공인된 사이즈다. 그런데 수컷의 체고가 45cm쯤 된다면 아무리 개가 훌륭해 보여도 심사에서 제외해버린다. 반대로 표준을 넘어가는 60cm 또한 심사대상에서 제외한다.

야무지고 영리하고 몸의 균형까지 잡혀 있지만 크기가 맞지 않아 수상권에 들지 못하는 경우가 종종 있다. 만약 한두 마리만 나왔다면 어떻게 할까. 그렇더라도 아주 뛰어난 개들은 심사위원 재량으로 아주 좋은 상(excellent) 등급을 부여하지만 실격 대상의 개라면 별도(good)의 등급으로 분리해 등수만 구분한다. 그렇기 때문에 1등이라 해도 그 내용에서는 분명하게 갈린다. 이렇듯 심사는 참 어려운 것 같다. 키가 작다고 한국 사람이 아니라고 할 수 있을까? 세상 그 어떤 것보다 개 심사가 더 까다로운 것 같다.

하지만 우수성을 뽐내는 자리라면 이야기가 달라진다. 푸들(poodle)처럼 진돗개도 사이즈가 다양해질 수 있다. 푸들은 사이즈가 큰 스탠다드 푸들, 중간 정도의 미디엄 푸들과 미니어처 푸들이 있고 가장 작은 토이 푸들이 있다. 이들은 사이즈가 제각각이다. 스탠다드는 45~60cm이며 토이는 28cm 이하로 정해져 있다. 푸들은 15~16세기 프랑스를 중심으로 유럽에서 인기 견종으로 자리를 잡아 다른 견종보다 다양하게 발전했으며, 애견 미용 분야에서 다양한 스타일로 두각을 나타내기도 했다. 영리해서 18세기에는 오리 사냥개로 활약했는데 가슴의 털로 심장을 보호하기 위한 푸들 미용을 그때부터 시작했다. 진돗개도 시간을 들여 연구하면 보다 더 다양한 형태를 선보일 수 있을 것이다. 진돗개는 이제 막 공인이 됐으니 일단은 표준서에 맞게 발전시키는 것부터 시작해야 한다. 잘생긴 개를 뽑는 선발대회에서는 더욱 그렇다.

다른 실격 사유로는 음 고환(睾丸)이라고 기록된 것도 있다. 정상적인 수컷은 고환이 두 개지만 가끔은 고환이 한 개이거나 아예 없는 개도 있다. FCI 공인서에 실격 사유로 많은 개들에게 공통적으로 적용되는 것이 '음 고환'이다. 그만큼 중요한 부분이기에 많은 표준서에 공통적으로 적용돼 있다. 1995년쯤에 내가 키우던 백구 중 한 녀석이 그랬다. 개는 좋았지만 그것을 알고는 전람회 출진을 포기하고 다른 분에게 집 지키는 개로 선물하며 잘 키워 달라고 부탁한 일이 생각난다. 음 고환은 뼈와 마찬가지로 유전으로 이어져 규정을 엄격하게 적용하는 편이다.

이빨과 모색

나는 어렸을 때 이를 뽑기 위해 치과를 간 기억이 없다. 빠질 때가 되어 저절로 빠지거나 집안 어른들이 실을 묶어 뽑아준 기억이 난다. 사람의 이는 흔들릴 때 뽑아야 하는데 때를 놓치면 영구치가 옆으로 나와 미관상 바람직하지 못해 나중에 교정을 하기도 한다. 내가 어렸을 때보다 미적인 관심이 높아졌고 경제적인 여유가 생겼으니 치아 교정이 보편화된 것은 당연한 것일지도 모른다. 개도 이와 비슷한 일들이 많이 생긴다.

강아지는 이갈이 때문에 무엇이든 물어뜯는데, 물고 놀 수 있는 개 껌이나 질긴 것을 지속적으로 제공하는 등 관심을 기울여야 제때 이가 빠진다. 그런데 사람처럼 개도 치아 모양이 제각각이다. 앞니에서 윗니가 나온 오버, 서로 맞물리는 절단, 아랫니가 나온 언더 등이 있고, 이 중 실격 처리 하는 것은 없다. 세계 공인서에는 실격 사유를 '3개 이상의 결치'라고 기록하고 있다. 진돗개의 이빨은 윗니가 20개, 아랫니가 22개다. 그래서 총 42개인데 39개 이하이면 실격처리 된다는 것이다. 여기에 걸려서 상을 못 받는 좋은 진돗개들이 무척 많다. 결치는 대표적인 유전이라 진돗개를 키울 때 먹이에 신경을 써야 한다.

또 다른 실격 사유로는 '퇴색된 모색 및 색소 결핍증'이 있다. 이런 퇴화된 모색과 모질을 가진 진돗개를 가끔 볼 수 있다. 색소 결핍증은 대부분 근친에서 오는데, 눈까지 색상이 이상한 것은 극근친에서 주로 나타난다. 부견과 암컷 자견, 모견과 자견 수컷, 그다음 형제견 사이에서 주로 나타난다. 그래서 혈통이 중요하다. 우리나라 한국애견연맹(KKF)의 혈통서는 4대 혈통서인데, 5대 혈통서도 가능하다. 5대 혈통서는 그만큼 혈통 고정이 되었다고 할 수 있다. 4대 혈통서는 14마리가 기록된 반면 5대 혈통서는 30마리가 혈통서에 나타난다. 그만큼 5대까지는 어려운 일이다. 혈통서는 공신력 있는 단체에서 발급하는 것이 이상적이며 혈통이 없는 개라면 절차를 밟아서 등록해야 할 것이다. 기초적인 혈통서 관리, 번식의 원칙, 사육 방법 등을 공부해야 비로소 좋은 진돗개를 만나볼 수 있다.

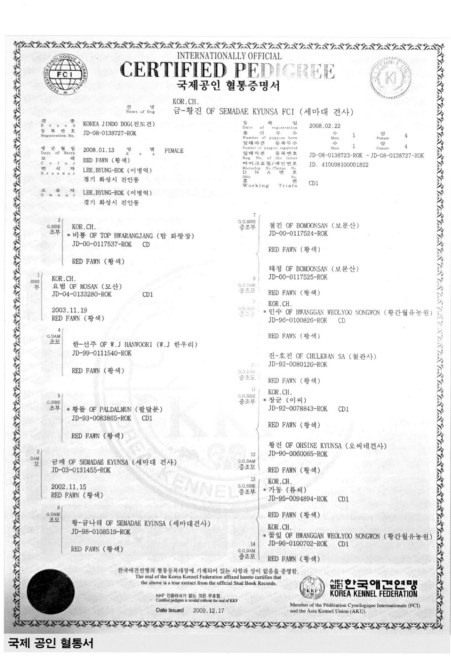

INTERNATIONALLY OFFICIAL

CERTIFIED PEDIGREE
국제공인 혈통증명서

KOR.CH.

견 명 / Name of Dog: 금-황진 OF SEMADAE KYUNSA FCI (세마대 견사)

견 종 / Breed	KOREA JINDO DOG(진도견)
등 록 번 호 / Registration No.	JD-08-0138727-ROK
생 년 월 일 / Date of Birth	2008.01.13 성 별 / Sex FEMALE
모 색 / Color	RED FAWN (황색)
번 식 자 / Breeder	LEE, BYUNG-EOK (이병억)
	경기 화성시 진안동
소 유 자 / Owner	LEE, BYUNG-EOK (이병억)
	경기 화성시 진안동

동 록 일 / Date of registration	2008.02.22
출 산 두 수 / Number of puppies born	수/Male 1 암/Female 4
임태자견 동록두수 / Number of puppies registered	수/Male 1 암/Female 4
임태번호 / Reg. No. of the litter	JD-08-0138723-ROK ~ JD-08-0138727-ROK
마이크로칩/색인번호 / Microchip No/Tattoo No.	ID. 410098100001822
D N A 번호 / DNA No.	
훈 련 / Working Trials	CD1

3 G.SIRE 조부	KOR.CH. *비룡 OF TOP HWARANGJANG (탑 화랑장) JD-00-0117537-ROK CD RED FAWN (황색)
1 SIRE 부	KOR.CH. 요범 OF MOSAN (모산) JD-04-0133280-ROK CD1 2003.11.19 RED FAWN (황색)
4 G.DAM 조모	한-선주 OF W.J HANWOORI (W.J 한우리) JD-99-0111540-ROK RED FAWN (황색)
5 G.SIRE 조부	*황들 OF PALDALMUN (팔달문) JD-93-0083865-ROK CD1 RED FAWN (황색)
2 DAM 모	금매 OF SEMADAE KYUNSA (세마대 견사) JD-03-0131455-ROK 2002.11.15 RED FAWN (황색)
6 G.DAM 조모	황-금나래 OF SEMADAE KYUNSA (세마대견사) JD-98-0108519-ROK RED FAWN (황색)

7 G.G.SIRE 증조부	철진 OF BOMOONSAN (보문산) JD-00-0117524-ROK RED FAWN (황색)
8 G.G.DAM 증조모	태정 OF BOMOONSAN (보문산) JD-00-0117525-ROK RED FAWN (황색)
9 G.G.SIRE 증조부	KOR.CH. *인수 OF HWANGGAN WEOLYOO NONGWON (황간월유농원) JD-96-0100826-ROK CD RED FAWN (황색)
10 G.G.DAM 증조모	진-호진 OF CHULKWAN SA (월관사) JD-92-0080126-ROK RED FAWN (황색)
11 G.G.SIRE 증조부	KOR.CH. *장군 (이씨) JD-92-0078843-ROK CD1 RED FAWN (황색)
12 G.G.DAM 증조모	황진 OF OHSINE KYUNSA (오씨네견사) JD-90-0060065-ROK RED FAWN (황색)
13 G.G.SIRE 증조부	KOR.CH. *가동 (류씨) JD-95-0094894-ROK CD1 RED FAWN (황색)
14 G.G.DAM 증조모	KOR.CH. *꽃잎 OF HWANGGAN WEOLYOO NONGWON (황간월유농원) JD-96-0100702-ROK CD1 RED FAWN (황색)

한국애견연맹의 혈통등록대장에 기재되어 있는 사항과 상이 없음을 증명함.
The seal of the Korea Kennel Federation affixed hereto certifies that
the above is a true extract from the official Stud Book Records.

KKF 인증마크가 없는 것은 무효함.
Certified pedigree is invalid without the seal of KKF

Date Issued 2009.12.17

실됨 **한국애견연맹**
KOREA KENNEL FEDERATION

Member of the Fédération Cynologique Internationale (FCI)
and the Asia Kennel Union (AKU)

국제 공인 혈통서

〈TV특종 놀라운 세상〉 진돗개 특성 촬영 장면

백두

1. 진돗개 순종은 어떻게 생겼나?

2. 한 견종은 어떻게 만들어지는가?

3. 개는 모두 잡종이다?

4. 표준? 진도군 vs. 세계애견연맹(FCI)

5. 공인 혈통서의 중요성

2장
진돗개 순종 이야기

1. 진돗개 순종은 어떻게 생겼나?

진돗개 이야기를 나누는 자리에 가면 순종은 어떻게 생겼느냐는 질문이 어김없이 나온다. 2012년 한국생명공학연구원의 발표에 따르면 30억 쌍의 진돗개 핵 DNA와 1만 6,727쌍의 미토콘드리아 DNA 구조를 분석한 결과 진돗개가 순수 계통을 가진 고유 품종이란 것이 확인됐으며, 세계의 여러 견종 중에 전체 유전자를 해독한 경우는 2005년 복서(boxer) 다음으로 진돗개가 두 번째라고 한다.

필자는 진돗개가 약 1,500년 전부터 한반도에 살던 고유 견종이고, 육지와 달리 진도라는 섬에서 서식해서 타 견종과 혼혈이 많이 생기지 않아 순수 혈통이 유지됐다고 주장해왔는데 역시나 과학적으로도 고유 견종이라는 것이 밝혀진 것이다. 하지만 좋은 진돗개와 좋지 않은 진돗개 구분을 모두 과학적으로 할 수 있다고 생각하면 그것은 무리다. 진돗개는 사람이 인위적으로 교배시킨 많은 견종들과 달리 오래전부터 자연적으로 진화해 온 자연 견종이다. 지금은 개체 수가 많이 줄었지만 옛날 우리나라에는 풍산개, 삽살개, 오수개, 제주개, 동경이 등이 있었다. 그래서 기르는 지역과 사람에 따라 다양한 견종이 어울려 함께 살아왔다. 그래서 어떻게 번식해왔느냐에 따라 모습이 조금씩 차이가 있다.

　필자가 세계 공인을 추진하는 과정에서 진돗개 전문가들과 함께 2004년 진도의 여러 번식장을 둘러보고 놀란 적이 있다. 견사들마다 진돗개의 체형과 얼굴이 달랐다. 특히 얼굴 모습이 제각각 달라서 놀랐는데, 사람들마다 주장하는 내용이 조금씩 차이가 있었다. 급기야는 2006년 12월 〈PD 수첩〉이라는 프로그램에서 진돗개의 많은 문제점에 대해 다루게 되었다. 거기에 우리나라의 이름 있는 몇 개의 단

꽃잎

체 대표들이 참석했고, 필자도 세계공인추진위원장으로 참석했다. 거기서 각 협회가 자기 진돗개가 순종이라고 주장하는 장면이 나오는데, 나온 개들의 모습이 확연히 구분될 정도로 달랐다. 그 주장들을 다 들으면서 고민이 깊어질 수밖에 없었다. 이런 모습을 가져야 순종이고, 저런 모습은 잡종이라며 전문가라는 사람들이

몇 시간 동안 입씨름을 했다. 참으로 안타까웠다. 결국 끝까지 각자 자기 주장만 내세우다가 끝났다. 그 프로그램에서 제기한 문제는 총세 가지였다. 첫째는 심사기준이 제각각이라는 것, 둘째는 진돗개 보호육성법의 문제점, 셋째는 믿을 수 없는 혈통서를 지적하며 녹화가 끝났다. 결론적으로 우리나라 안에서 자중지란(自中之亂)하는 사이에 앞에서 언급한 일본의 아키타처럼 다른 나라에서 더 좋은 진돗개가 탄생할 수도 있다는 결론이었다.

진돗개가 세계애견연맹(FCI) 공인을 받은 지도 제법 세월이 흘렀다. 여전히 여러 협회들과 전문가라는 사람들의 각기 다른 진돗개 이론에 혼란스럽기만 하다. 다른 나라의 많은 견종들은 놀랍게 발전해 가는데 우리는 여전히 순종 공방으로 시간을 허비하고 있다. 이제는 하나로 뜻을 모아야 한다. 나만의 개로 기를 것인가, 세계의 진돗개로 거듭나게 할 것인가를 생각해보자. 우리나라의 유일한 세계 공인견인 진돗개가 세계적으로 더욱 확고히 인정받고 국견으로서 품격을 유지하기 위해서는 우리가 더 꾸준히 관심을 갖고 마음과 힘을 모아야 한다.

진돗개 전람회 자세 교육

2. 한 견종은 어떻게 만들어지는가?

진돗개가 과학적으로 오랜 역사를 가진 우리 고유견이라는 것에 많은 사람들에 의한 다양한 의견이 있다고 한다. 순종이라고 이야기하기 위해서는 다수가 인정하는 확실한 기준이 있어야 한다. 하지만 현실은 그렇지 않다. 그럼 한 견종(犬種)은 어떻게 만들어지는가? 우선 5대에 걸쳐 태어난 모든 자견이 똑같은 모습으로 태어나야 한다. 그래서 진돗개 공인을 받을 때 한국애견연맹(KKF)에서는 1982년에 등록된 4,285마리의 자료부터 1984년 4,074마리, 1988년 9,016마리, 1991년 7,098마리의 자료까지 10년간 총 65,436마리의 자료를 세계애견연맹(FCI)에 보고했다. FCI에서 한국의 현지실사와 진돗개의 상황을 면밀히 검증한 후 1995년 진돗개가 한 견종으로 가치를 인정받아 임시 견종으로 등록된 것이다. 그 과정에서 암수로 구분해

5대에 걸쳐 혈이 섞이지 않은 각기 다른 여덟 마리의 혈통서가 필요했다. 모두 합치면 240마리의 혈통서가 겹치지 않아야 했다.

그것이 인정돼 임시 견종으로 공인되고, 매년 등록 두수와 전람회 내용 등 10년간의 엄격한 혈통서 관리와 전람회 출진견의 수준 등을 검토한 끝에 2004년 FCI 과학위원장의 마지막 검증을 거쳐 2005년 7월 6일 아르헨티나 총회에서 진돗개는 정식으로 세계 공인을 받을 수 있었다. 이처럼 힘든 과정을 거쳐 공인되었다. 그래서 각기 주장이 다른 순종을 따지기보다는 세계 공인된 표준서에 맞춰 가야 한다. 각 단체와 전문가라는 사람들이 겹개, 홑개, 통골형, 각골형, 후두형 등으로 자기만의 기준으로 순종을 정한다면 반대 의견은 어떻게 설명할 것인가? 세계의 다른 견종들은 사람에 의해 만들어지다 보니 붕어빵 찍어 내듯이 선택 교배를 통해 같은 모습으로 완성되었지만 진돗개는 천년이 넘게 자연적으로 진화하고 번식가들은 그들 나름으로 번식을 해오면서 색상, 형태, 크기 등이 다양화되었다.

우리나라의 진돗개는 북방계의 일종이라는 것에는 대부분의 전문가들이 공감하는데, 남방계 개들과 구분되는 북방계 개들의 특징을 얼굴에서 찾을 수 있다. 주름지지 않은 이마와 강한 턱 그래서 타 견종보다 힘 있는 얼굴 모습, 상대를 제압할 수 있는 강한 목, 체격에 비해 작은 귀, 이중모의 털 등이 그 특징이다. 이런 모습에서조차 이견(異見)을 보이는 것이 참으로 안타깝다. 북방개의 종류에는 알래스칸 맬러뮤트, 시베리안 허스키, 에스키모개, 풍산개 등이 있다. 이제부터라도 진돗개 전문가들이 참여해 표준을 만들고 그것을 기초로 2005년에 세계 공인을 받은 표준서에 입각해 우리의 진돗개를 번식해가야 한다.

세계의 많은 애견가들에게 보여줄 수 있는 진돗개는 과연 어떤 것이 경쟁력 있고 자랑스러운가를 생각하고, 우리나라의 젊은 애견가들이 혼란을 겪지 않고 기를 수 있는 진돗개를 만들어 가야 한다.

꼭 하나로 만들기가 어렵다면 일본에서 일본애견연맹(JKC) 개와 토종견협회의 개가 조금 차이가 있는 것처럼 각자 인정하고 다르게 갈 수밖에 없다. 하지만 다양한 모습과 기질(氣質)을 인정하더라도 전 세계로 나가는 진돗개만이라도 공인된 혈통서로 우수하고 표준서에 맞는 모습으로 수출되어야 한다. 그래야만 세계의 애견인들로부터 사랑받고 세계의 유명 전람회에서도 상을 받을 수 있다. 또다시 1980~1990년도처럼 진돗개라는 이름으로 무분별하게 개를 수출하던 시절을 답습하면 안 된다.

외국까지 어렵게 나간 진돗개가 강아지를 낳았는데 부모견과 다른 모습에 색상마저 제각각이라면 어떻게 이해할 수 있을까? 나아가 어려운 일이겠지만 세계애견연맹에 공인된 다양한 색상도 잘 발전시켜 화려하고 아름다운 진돗개도 만들 필요가 있다.

개를 기르는 세계의 애견가들에게 이렇게 영리하고 충직하며 아름다운 진돗개(korea jindo dog)를 보여주고 선택할 수 있게 해주어야 한다.

3. 개는 모두 잡종이다?

'개는 모두 잡종이다?'라는 말을 흔히 한다. 늑대의 후손인 개는 세월이 흘러 순종으로 되어가고 있다. 앞서 언급했듯 견종은 5대에 걸쳐 똑같은 모습으로 태어나면 그것이 한 견종이며, 그 모습이 공인된 모습이라면 '표준견'이 된다. 하지만 우리나라 진돗개는 얼마나 혈통 고정이 되어 있을까?

진돗개 관련 업무를 관장하는 농림부에서 전남대에 의뢰한 '우수 진돗개 혈통 고정 및 육성방안 연구'라는 용역 보고서가 지난 2007년 12월에 나왔다. 이 책자에 진돗개에 대한 전반적인 연구가 실려 있는데, 진돗개의 기원부터 진돗개의 수출방안까지 다루고 있다.

먼저 색상에 관해서 다룬 내용을 보면 진돗개는 여섯 가지의 색상이 있는데 황구와 백구만 관리하는 것에 대해 문제 제기를 한다.

다양화해야 한다는 것이다. 보고서 중 사육 현황에서 눈에 띄는 점은 1996년 한 해의 자료만 살펴보면 사육 농가 6,017가구에서 16,036마리를 기르는데, 수준이 괜찮은 9,622마리는 등록해서 육성하고 외부 반출이 2,989마리였다. 여기서 중요한 점이 수준 미달 진돗개들을 도태시킨 것이다. 우리가 쉽게 이해할 수 없는 일이 벌어지고 있었다. 그 많은 개들이 불량 진돗개로 분류되어 매년 도태되고 있다는 것인데, 진도군의 진돗개들이 군에서 보기에도 많은 수가 수준 이하라는 것이다. 그렇다면 판단 기준은 무엇인가?

진도군에서도 전체 표준 체형을 만들기 위해 노력하고 있는데 문제는 2005년 세계애견연맹의 공인서를 인정치 않고 진도군 자체 표준서를 만들었다는 점이다. 그중 차이점 하나를 살펴보면 제일 큰 문제가 체고로 FCI 공인은 수컷 50~55cm, 암컷 45~50cm인 것이 진도군은 수컷 48~53cm, 암컷 45~50cm로 수컷이 2cm가 작았다. 보고서 내용은 한국애견연맹이 세계애견연맹으로부터 공인받았지만 2002년 진돗개 심의위원회 심의 내용이 수컷은 2cm 작은 것이었으니 그대로 지켜야 한다는 것이다. 필자가 진도군청에서 열린 공청회에서 이 문제를 제기했지만 관계자들은 바꿀 수 없다고 했다.

서울대 의대 연구에서 사람의 체형도 우리나라 성인의 경우 19세기 한국인의 평균 키가 남성 161cm, 여성 149cm 정도였다고 하는데 2010년 지식경제부 조사에서는 남성 174cm, 여성 160.5cm라고 한다. 이처럼 평균 키가 커지는 제일 큰 원인은 식생활의 변화에서 온다고 하는데 개의 경우도 다르지 않다. 진도군의 사육관리와 외부 전문

KKF 대전 진도견 시상식 스페셜 티쇼

번식가들의 사육의 차이가 있다. 특히 선진 외국의 사육관리를 받은 개들은 양질의 사료로 길러지기에 체격은 커질 수밖에 없다.

2004년도 FCI 과학위원장 브라스 씨는 평균 체격이 좀 더 커질 것을 생각해 57cm까지 늘리는 것을 권장했지만 국내의 전문가들이 반대해 원안대로 55cm로 결정한 것이다. 2cm는 결코 간단치 않은 문제다. 외국의 심사위원은 과대, 과소를 엄격히 하기에 표준 사이즈는 대단히 중요하다. 진도군의 진돗개 표준체형 변천을 살펴보면 얼마나 문제가 있는지 알 수 있다.

1966년 이전에는 뚜렷한 자료가 없고 최초로 나온 자료는 1966년 6월 9일 전라남도 조례 제274호에 의거한 기준으로, 암컷 최고는 39.5~53cm이고 수컷은 42.5~59cm다. 여기서 재미있는 기록은 "수염이 뺨 양쪽에 2개씩, 콧수염이 좌우 각각 20여 개씩 나 있어야 한다"라는 내용이다. 이후 1967년 회의에서 암컷 50~55cm, 수

컷 55~60cm로 수정하며, 이때 모색을 황구와 백구만 인정하는 문제를 남긴다. 1969년 회의에서는 현재 FCI 세계 공인과 같은 암컷 45~50cm, 수컷 50~55cm로 바뀌고, 다시 1977년 암컷 43~53cm, 수컷 45~58cm로 바뀐 뒤, 2002년 진돗개 심의위원회에서 또다시 현재의 수컷 48~53cm, 암컷 45~50cm로 수정됐다.

　이런 내용을 보면 진도군 안에 얼마나 다양한 진돗개가 있었는지, 기준이라는 말이 무색하게 얼마나 숫자가 계속 바뀌어왔는지를 알 수 있다. 진돗개를 지키고, 진돗개를 세계적인 명견(名犬)으로 키운다는 대의를 생각한다면 개개인의 사심을 잠시 내려놓고 여러 사람이 의견을 모을 필요가 있다. 당장 의견이 다르더라도 협의하고, 인정하고, 수정해나가려는 마음가짐이 필요할 것이다.

4. 표준? 진도군 vs. 세계애견연맹(FCI)

앞서 언급한 농림부의 보고서 중에 중요한 몇 가지를 다시 짚어 보자. 보고서에서도 진도군의 표준과 세계애견연맹(FCI) 공인 내용의 차이를 어떻게 봐야 할지를 문제점으로 보고 있다. 필자도 이 점을 하루빨리 단일화해 혼란을 없애야 한다고 생각한다. 1만 마리 내외의 진도군 내의 진돗개만 생각할 것이 아니고, 20~40만 마리로 추정되는 육지의 진돗개와 해외에 나가 있는 개들의 위상과 육성을 위해 통일은 반드시 필요하다.

　　그리고 필자가 여러 번에 걸쳐 '진돗개' 하면 생각나는 충성심, 용맹함, 수렵성, 귀소본능 등 여러 가지 장점을 이야기했는데 그중에 현대사회에서 문제가 되는 지나친 수렵본능과 너무 용감해 타 견종들과 어울리지 못하는 점 등은 줄여 나가도록 해야 한다. 꼭 필요한 사회성을 가질 수 있게 해주어야 더 많은 애견인들로부터 사랑받을 수 있다. 이 점은 기회가 있을 때마다 여러 곳에서 주장하는 내용이다. 그리고 사실 확인을 할 길이 없지만 임진왜란 때 일본인이 호랑이를 잡기 위해 호랑이 먹이로 진돗개 세 마리를 넣어 주었더니 다음 날 호랑이는 죽어 있고 진돗개들은 상처 투성이로 살아 있더라는 이야기가 있다. 이렇게 용맹한 진돗개지만 현대사회에서는 사냥개로 이용되는 개는 별로 없고 반려견으로 길러지고 있는 만큼 진돗개도 변해야 한다.

그리고 이 보고서에서 중요하게 지적한 내용 중 하나는 바로 '혈통 고정'이다. 혈통 고정을 위해서는 많은 노력과 시간이 필요하지만 노력 여하에 따라서는 기간을 줄일 수도 있을 것이다. 혈통 고정 중 혈통서 단일화가 대단히 중요하다는 내용도 담고 있는데, 단일화가 안 된 나라들도 있지만 애견 선진국들은 대체적으로 혈통서가 단일화되어 있다. 1국가 1단체만 가입하는 세계애견연맹(FCI) 가맹국이 있고, 영국은 KC로 단일화되어 있고 미국은 AKC가 관리한다. 그런데 우리나라의 진돗개는 세계 공인 가맹단체인 한국애견연맹(KKF)이 공인을 받아 관리하고, 또 정부의 지원을 받는 진도군은 별도로 관리하고 있다.

문제는 여기서 그치지 않는다. 10여 개 이상의 단체가 혈통서를 발행하고 있다. 특히 큰 문제 중 하나가 진돗개를 소나 돼지처럼 사육해 강아지를 분양하는 사람들이 있다는 점이다. 진돗개 번식은 시장의 원리로 볼 때 좋은 진돗개가 적정 수로 유지되어야 하는데 혈통을 알 수 없는 개들이 대량으로 분양되고 있다. 물론 예외도 있기는 하겠지만 필자의 생각으로는 세계적인 명견이 되기 위해서는 번식 과정에도 좀 더 체계적인 교육과 지식이 필요하다. 그 중요성을 잘 모르는 상태에서 옛날 방식으로 번식할 때는 우수한 진돗개가 태어나기 어렵다.

외국의 유명견들은 애견 브리더(breeder, 전문 번식가)들의 참여로 번식 관리를 한다. 그래서 세계애견연맹에서는 견사 이름을 등록해 중복되지 않도록 고유명을 부여하고 있다. 이 모든 시스템이 혈통 번식의 중요성을 알기 때문에 이루어지고 있는 것이다.

순종을 이야기하고, 번식가의 수익을 높이고, 나아가 수출까지 논하려면 첫째, 번식가들이 진돗개를 정확히 알고 무분별한 번식을 지양해야 한다. 둘째, 진돗개의 표준이 세계 공인 중심으로 통일되어야 한다. 셋째, 무조건 우리 개가 최고라고 생각하지 말고, 진돗개와 유사한 견종이 많은데 그 개들보다 진돗개의 뛰어난 점들이 유지될 수 있게 만들어야 한다. 태권도가 1970~1980년대에 일본의 가라테와 국제무대에서 치열한 경쟁을 벌인 끝에 시드니올림픽부터 정식 종목이 된 것처럼 말이다. 넷째, 계획적 번식을 해야 한다. 무분별하게 번식해 수준 미달이라고 도태시키는 일은 줄여가야만 한다. 끝으로 관련 기관에서는 엄청난 돈을 들여 연구보고서 한 권 남기는 것도 중요하겠지만 민간이 쉽게 하기 어려운 부분에 대해 도움을 줘야 할 것이다. 예를 들어 필자가 아르헨티나에 갔을 때 대사관저에 백구 진돗개가 있어 당시 최양부 대사를 비롯한 모든 직원들이 관심을 가지고 국견 진돗개 홍보에 앞장섰던 기억이 있다.

5. 공인 혈통서의 중요성

세계 인구 수는 2011년에 70억 명을 넘었다. 그렇다면 개의 숫자는 어느 정도일까? 자료에 따라 차이가 있겠지만 20억 마리쯤 된다고 한다. 3.5명당 1마리라는 말인데, 그중에 진돗개는 40만 마리 정도라 추정해도 비율로 볼 때는 아주 미미한 수준이다. 현재 진돗개는 전 세계에 많이 수출되지는 않았지만 필자가 보거나 들은 이야기로는 세계 여러 나라에서 살고 있는 것은 분명해 보인다. 2005년, 필자가 우리와 지구 반대편인 아르헨티나에 가서 심사를 보며 들은 바로는 거기에도 150여 마리가 있다고 했다.

하지만 문제는 많은 수가 무등록견이라는 것이다. 과거에 진돗개가 세계 공인견이 아니어서 등록할 수 없었다는 것이 제일 큰 걸림돌이었다. 독일, 프랑스 등 애견 선진국들에서 무등록견은 혈통서를 만들 수가 없다. 즉, 태어날 때 혈통 있는 부모견에게서 태어난 자견만이 혈통서를 등록할 수 있는 것이다. 2005년 세계 공인 후에는 세계애견연맹 가맹단체의 공인 혈통서만이 국제 혈통서로 등록 가능한데 대다수의 진돗개들은 그렇게 되어 있지 못한 것이 현실이다.

필자가 2006년 9월 23일 국제 공인 혈통서를 받아 최초로 프랑스로 진돗개를 수출했는데, 그 개들은 그곳의 FCI 가맹협회인 프랑스 애견협회에 등록이 가능했다. 2005년 공인 이전에는 다수의 진돗개를 믹스견(mix dog), 즉 잡종이라고 기록해 외국으로 수출한 것이다. 참으로 안타깝지만 그것이 인정할 수밖에 없는 현실이었다.

등록견과 미등록견은 큰 차이가 있다. 제일 큰 문제는 미등록견은 공식 전람회 참가가 원천적으로 불가능하고, 아무리 좋은 강아지를 출산해 혈통서를 만들고 싶어도 만들 수가 없다는 점이다. 필자는 그 후에 국제 공인 혈통서가 있는 진돗개를 여러 나라에 수출했지만 아직까지는 미미한 것이 사실이다. 수출하는 데 있어 국제 공인 혈통서가 중요한데, 국내 혈통서 보유견이라면 보내기 전에 국제 공인 혈통서로 교체해야 한다. 진돗개를 수출하면서 느낀 중요한 한 가지는 나라마다 수출하는 절차가 제각각 다르며, 그 방법이 여러 가지로 까다롭다는 것이다.

필자가 2006년 처음 프랑스로 보낼 때에는 국내 동물 병원에서 피를 뽑아 혈청을 분리해서 프랑스 검사 기관으로 보낸 뒤 합격서가 나오면 개를 수출할 때 함께 전달해야만 했다. 그런데 반갑게도 2012년 5월 23일 우리나라 검사 능력이 인정을 받아 국제 수역사무국 OIE로부터 농림부 수산검역검사 본부가 공인받았다. 또 민간기업 중에서도 OIE의 인증회사가 한 곳 있어 큰돈 들이지 않고 검사받을 수 있어 다행스럽게 생각한다. 좀 늦은 감은 있지만 이런 일들은 일반인들이나 애견가가 할 수 없는 일들이라 아주 반가운 일이 아닐 수 없다.

우리나라는 공수병(광견병) 발생국이기 때문에 외국으로부터 관리 국가로 분류되어 있다. 하지만 일련의 과정들을 지켜보면서 진돗개도 이제는 우수한 상품성만 인정되면 모든 면에서 세계의 진돗개로 인정받을 수 있겠다는 생각이 든다. 동남아 국가들은 수의사가 마이크로칩을 이식하고, 광견병 예방접종확인서와 수입허가서, 검역증명서만 준비하면 개를 수출할 수 있는 나라가 많다. 나라별로 수출 절차가 각각 다른 만큼 사전에 대상국의 대사관이나 '농림부 수산검역검사' 본부에서 정확히 알고 절차를 밟아야 한다. 수출이 아닌 기르는 개를 데리고 외국을 나갈 때에도 같은 절차가 필요하다.

우리나라는 아직도 혈통서의 중요성을 중요하게 인식하지 못하는 애견가들이 많아 안타깝다. 혈통서를 신청할 수 있는 자견이면서도 혈통서를 신청하지 않는 번식가도 문제고, 여러 협회에서 혈통서가 남발돼 불신하는 사람이 많다는 것도 문제다. 제대로 된 혈통서 관리는 조기 번식, 근친 번식, 소유자의 관리 문제 등을 줄일 수 있는 유일한 방법이다. 일부 수입견 중에서도 공인 혈통서를 무시하고 비공인 혈통서로 교체하는 경우는 자견이 생산되었을 때 공인 혈통서 신청이 매우 곤란하므로 잘 확인해봐야 할 것이다.

3장
개 바로 알기

1. 개는 어떻게 탄생했을까?

사람들은 개의 역사에 대해 얼마나 알고 있을까? 아마도 이 복잡한 시대에 생물학적으로 개의 진화에 대해 생각해본 사람이 별로 많지는 않을 것이다. 하지만 개를 좋아하고, 개에 대해 자세히 알고 싶어 하는 사람이라면 개의 진화 과정에 관심을 가져볼 필요가 있다. 생물학적으로 볼 때 개는 늑대로부터 진화되어 오늘날 다양한 견종으로 변화했다. 학자들의 연구에 의하면 가축화된 초기의 늑대 개는 1만 년에서 4만 년 사이에 처음 나타났다고 한다. 고고학자들의 연구를 보면 개를 식량이나 재산으로 여겼음을 알 수 있는 기록이 있다. 나아가 인간의 유골 옆에 함께 매장된 개의 뼈를 보면 이 사실을 충분히 추측할 수 있다고 하는데, 늑대에서 가축으로서의 개로 진화하는 데 만 년 이상이 걸렸으며, 현재는 지구상의 개가 350여 종으로 알려져 있다.

　처음에는 인간과 늑대가 경쟁 관계였을 것이다. 사냥감을 두고 인간도 식량으로 짐승을 잡아야 하고 늑대도 먹이를 잡아야 하니 치열한 싸움을 했을 수 있다. 하지만 인간의 승리로 늑대들은 인간과 공생(共生)하는 관계로 변했고, 그 과정에서 원시적인 '가축'이라는 개념이 생겨나지 않았을까? 여러 곳에서 사람이 먹다 버린 음식을 먹던 늑대들을 사람이 먹이를 미끼로 유혹해 가축화했을 수 있고, 처음에는 강한 늑대보다 열성인자의 약한 늑대들과 어린 새끼를 인간의 우리 안에 가두어 먹이를 무기로 하여 습관을 바꿔서 인간의 의도대로 길렀을 수도 있다. 늑대는 점점 순화되어 인간의 뜻대로 변해 처음에는 인간이 사냥을 할 때에 많은 도움을 주는 개로 쓰였다. 그렇게 인간의 흥미나 목적에 의해서 선택받은 늑대들은 사냥해서 살아가기보다는 사람 곁에서 살아가는 것이 편했을 수 있다. 이후 인간의 목적에 의해 변하며 먹이가 달라지고 환경이 달라지면서 늑대들은 결국 조상과는 다른 외형으로 변해왔을 것이다.

　이런 모든 것은 늑대와 개의 DNA가 0.33%를 제외하고 모든 것을 공유하는 데서 추측할 수 있다. 그렇다고 해서 현재 지구상에 있는 350여 종의 개를 모두 오래된 개라고 생각하면 안 된다. 제일 오래된 기록은 당시 기준으로 기원전 4,000년 전에 있었다는 티베탄 마스티프(tibetan mastiff) 정도다. 즉 지금으로부터 6,000년 전에 개가 있었다고 한다. 하지만 현재의 350여 종 중에 90% 이상이 400년이 안 되는 짧은 역사를 가진 종이다. 이처럼 늑대에서 시작하여 초기의 늑대

개로 오래 살아오다가 인간의 목적과 기호에 따라 지금처럼 다양한 모습의 견종으로 변한 것이다.

필자가 생각하기 쉽게 예를 들면, 신견종인 아메리칸 아키타는 역사가 40여 년밖에 안 된 견종으로, 1972년 미국 AKC 클럽에 일본 개 아키타가 원조견으로 등록됐지만 현재는 아메리칸 아키타가 세계적으로 가장 인기 있는 견종 중 하나다.

늑대는 첫 번째로 인간에 의해 길들여진 동물인데, 사냥에 도움을 주다가 인간의 일을 돕는 일꾼으로 발전하고 이후에는 믿음직한 친구로 발전해왔다. 인간은 여기에 멈추지 않고 끝없이 인공적인 선택 교배를 통해 변화를 이끌었다. 여기에 환경적인 변화도 무시할 수 없다. 추운 지역, 사계절이 있는 지역 그리고 1년 내내 무더운 지역…. 이처럼 지역에 따라 개 스스로도 환경에 적응하며 서서히 변했을 것이고, 거기에 인간의 욕심에 의해서도 변화가 아주 많이 이루어졌다. 예를 들어 경비견 등으로 다양하게 활약하는 셰퍼드(shepherd)는 1899년 독일에서 처음 나타난 견종으로 알려져 있다. 또 우리가 잘 아는 시쮸(shihtzu)는 1969년 중국에서 페키니즈와 라사압소의 혼혈로 탄생했다. 이처럼 개는 늑대에서 출발해 오늘날 인간과 제일 가까운 반려견으로서 너무나 중요한 친구가 되었다.

4 INTERNATIONAL SHOWS (FCI)

2. 탄생부터 노령견까지

생후 3개월까지

개의 생애주기에 대해 알아보고자 한다. 강아지가 태어나서 3개월까지는 사람으로 치면 네 살 정도까지가 될 것이다. 이 시기는 엄마 젖과 이유식을 먹다가 본격적으로 밥을 먹으며 성장하는 중요한 시기다. 그래서 대단히 중요하다.

먼저 태어나 1개월까지는 초유를 꼭 먹여야 한다. 모유가 영양분이 높고 면역력을 길러주고 소화에도 도움을 준다. 20일경부터는 소화가 잘되는 먹이를 공급해주면 강아지가 건강하게 자라는데, 이때 강아지는 신생아처럼 하루의 90%의 시간은 잠을 잔다. 여유롭게 잠을 잘 수 있도록 좋은 먹이를 공급해주고 환경을 조용하게 꾸며 주

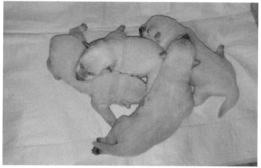

는 것이 좋다. 첫 먹이는 이유식이나 양질의 사료를 약간 물에 불린 후 준다. 생후 6일 정도부터 귀가 들리기 시작하는데 진돗개의 경우 이때부터 사람이 만져주고 살펴줘야 사람에게 익숙해져 사람의 손길을 싫어하지 않는다. 생후 13일이 지나면 눈을 뜬다. 처음 눈을 뜰 때 사람 손길을 느낄 수 있도록 매일 만져주면 좋다. 20일경이 되면 젖니가 나기 시작한다. 이때부터 어미가 먹는 먹이에 관심을 가지기 시작하므로 이유식을 모유와 함께 먹인다.

강아지는 생후 한 달까지가 대단히 중요하다. 진돗개를 예로 들면 보통의 사육가들의 제일 큰 문제가 강아지 때 너무 신경을 쓰지 않는다는 점이다. 어미가 잘 키우니 어미만 잘 먹이면 강아지는 자연적으로 큰다고 생각한다. 하지만 그렇게 키우면 그 강아지는 사나워지고 사람을 경계하는 개가 되고 만다. 특히나 진돗개는 사냥개의 특성상 사람이 만지는 것을 싫어한다. 그때 사람의 손이 익숙하지 않으면 애견 전람회에서 치아 검사를 하기 위해 입을 벌리려 할 때 반항하며 입을 못 벌리게 한다. 과거 훌륭한 진돗개들이 결국 심사 과정에서 탈락한 경우를 무척 많이 봐서 안타까웠다.

한 달 정도 지나면 강아지는 장난이 심해지고 진돗개의 경우 타 견종보다 좀 더 심하다고 생각될 정도로 강아지들이 서로 싸우기도 한다. 이 시기는 젖니가 모두 나오고 몸도 점점 제 모습을 찾아가고 변도 가리는 시기이므로 하루에 세 번 정도 변도 보고 놀 수 있는 넓은 공간을 마련해 주면 도움이 된다.

그리고 이때부터 어미에게 받은 항체가 떨어지므로 4주 때부터 백신과 구충제를 접종해야 한다. 5주 정도부터는 무리하지 말고 익숙해지도록 50cm 정도 길이로 목줄을 해주면 저항 없이 목줄을 시작할 수 있다. 처음 목줄을 할 때에는 목줄을 한 후에 간식을 조금씩 주면서 자연스럽게 움직이는 대로 따라가 준 후 좀 익숙해지면 그때부터 사람이 의도하는 대로 가면 된다. 일주일 정도는 매일 반복해서 익숙해지도록 한다. 다시 한 번 강조하지만 이 시기에 꼭 구충과 백신, 외부 기생충 등에 신경을 써야 한다. 진돗개의 경우 50일경부터 분양하는데 분양할 때에는 혈통견의 경우 혈통서와 백신 접종 내용을 알 수 있는 수첩을 함께 주고받아서 강아지의 상태를 기르는 사람이 알 수 있도록 한다. 입양하는 사람은 이를 미리 살펴서 추가 접종이 필요하면 반드시 접종해야 한다.

생후 3개월 정도 되면 제법 개의 모습을 찾아가는 시기로, 해도 되는 것과 안 되는 것을 구분해 간다. 이 시기는 사회성을 배우는 중요한 시기로, 주인이 특별히 신경을 써야 하는 시기다. 이때까지 먹이는 하루에 4회 정도 주는 것이 좋다. 너무 빨리 클까 봐 먹이를 적게 주는 경우도 있는데, 영양이 부족하여 발육이 안 좋고 허약할 수 있으니 신경을 써야 한다.

　중요한 몇 가지를 정리하면 다음과 같다. 예방 백신을 챙긴다. 먹이는 일정한 시간에 준다. 10분이 지나도 먹지 않으면 먹이를 회수한다. 칭찬과 벌은 짧게 분명히 한다. 적정한 체중을 유지하도록 한다.

3~9개월

세 살 버릇 여든까지 간다는 말은 사람도, 개도 다 해당하는 말이다. 강아지 때가 그만큼 중요하다. 생후 3개월부터 9개월까지는 최고의 성장기로, 사람이 내 반려견에게 신경 써야 할 기간 중에 중요하지 않을 때가 없지만 베이비 때 다음으로 중요한 시기가 아닌가 생각된다. 이때는 하루가 다르게 성장한다. 퍼피 조에 해당하는 6개월부터는 전문성이 필요하기 때문에 퍼피 트레이닝과 도그쇼 출품을 위한 준비를 해야 한다.

　현재 세계애견연맹(FCI) 출진견은 개월 수에 따라 조를 나눈다. 전람회 출진 조는 생후 베이비 조 3~6개월, 퍼피 조 6개월 1일~9개월, 주니어 조 9개월 1일~15개월 인터 조 15개월 1일~24개월, 오픈 조 24개월 1일 이상이다. 진돗개는 생후 6개월이 넘어가면 주인을 기억하는 시기로, 내 주인, 내 식구 그리고 내 집, 나의 것 등을 구분하며 서열을 배워 나가는 시기이다. 그때에는 분명히 사람의 서열이 위라는 것을 교육시켜야 한다. 또한 3~6개월 시기에 사회성 교육과 훈련이 반드시 필요하다. 훈련이 요즘은 너무도 다양하게 발전했다. 견종 구분 없이 하는 기본 훈련이 있고 목적에 따라 하는 가정견, 어질리티, 맹인 안내견 등의 훈련이 있다.

필자는 훈련을 전문적으로 공부한 훈련사는 아니지만 37년간 수백 마리의 개들을 키우면서 전문적인 훈련사들을 곁에서 지켜본 경험이 있다. 훈련의 기초 교육을 조금 설명하면 어려서부터 훈련과 놀이는 분명하게 구분해야 한다. 앉아, 기다려, 엎드려 등을 훈련할 때는 분명하게 훈련이라는 것을 개가 느껴야 하고 장난을 칠 때는 훈련과 꼭 구분해야 한다. 훈련 중에 엉뚱하고 귀엽게 딴짓을 하면 받아주지 말고 훈련을 마친 후 놀이는 놀이로 구분하는 것이 훈련 효과가 높다. 또한 이 시기에 목줄로 종일 묶어 두거나 좁은 공간에 오래 가두어 두면 좋은 체격을 만들 수 없다.

내 반려견의 성장 측면에서 생각해보면 중·대형견은 성장이 사람보다 4~5배 빠르다. 개에게는 그만큼 영양 공급을 제때 해줘야 하는 시기다. 개의 2년은 사람에게 20세의 성장과 같은 시기이므로 충분한 영양 공급이 필요하다. 이 시기에 영양이 부족한 사료나 간식만 계속 준다면 그 개는 체중이나 체격이 바르게 성장할 수가 없다. 베이비 때에는 균형 잡힌 먹이를 주고, 올바른 교육을 통해 먹는 습관을 들인다. 6~9개월 퍼피 단계에서는 품평회에 출전할 목적이 있는 개라면 본격적으로 훈련해야 하고 집에서 기초적인 앉아, 엎드려, 기다려, 물어와 등을 교육시켜본다. 집에서 배워가며 주인이 할 수도 있고 훈련을 제대로 시키고 싶다면 훈련소에 맡기는 때가 바로 이 시기다.

훈련비는 딱 정해 있지는 않지만 일반적으로 50~100만 원 정도 되는데 기간은 기초과정이 4개월이다. 일반인에게는 부담스러운 금액일 수 있지만 반려견을 제대로 길러보고 싶다면 투자할 만한 돈이라는 생각도 든다. 어느 정도 수준 있는 반려견이라면 전람회에 참가해 보는 것도 안목을 넓히는 좋은 기회가 될 것이다.

생후 9개월이면 외형은 80~90% 정도 자란 상태다. 그 후로는 가슴도 넓어지고 머리도 커지며 제대로 균형을 잡아간다. 그리고 이때 처음으로 임신을 하기 위한 발정이 오는데 절대로 첫 발정 때 교미를 시켜서는 안 된다. 그 이유는 어미 자체가 성장기에 있기 때문이다. 그때는 어미도 영양분이 많이 필요한데 임신까지 하면 어미나 강아지 모두에게 좋지 않다. 참고로 진돗개의 경우 15개월이 지나서 교미를 시키는 것이 좋다. 무엇이든 시기가 있고 때가 있는데 마음이 급해 일찍 새끼를 낳으면 어미가 모든 면에서 형편없이 나빠진다. 대부분 등선이 처진 어미들은 조기 출산이 큰 원인이다.

9~24개월

우리는 흔히 장난꾸러기 아이를 보며 미운 일곱 살이라고 말한다. 그때에 어른들이 슬기롭게 잘 교육하고 가르쳐야 좋은 심성을 가진 훌륭한 사람으로 성장할 것이다. 개도 그렇게 말썽 피우고 미운 짓을 하는 때가 있다. 처음 오는 시기는 이갈이 하는 4~5개월 때이고 두 번째에 오는 시기가 9~15개월이다. 이 시기를 구분할 때 주니어 클래스(junior class)라고 부른다. 이때 모습은 어른이 된 듯 하지만 훈련이 안 되었을 때 통제하기가 쉽지 않고 힘이 넘칠 때라 진돗개의 경우 다른 개들에게 싸움을 걸기도 한다. 수컷의 경우는 아주 심할 정도로 활동적이다. 그래서 버릇이 잘못된 개는 다른 개나 짐승을 해치려고 하고 아주 심하게 잘못된 녀석들 중에는 사람을 다치게도 한다. 그래서 앞서 사회성 교육 등을 강조한 것이다. 앞으로 진돗개가 우리만의 개가 아닌 세계의 명견으로 거듭나기 위해서는 사람이나 다른 개를 물어 해를 가하거나 죽여서는 안 되기 때문이다. 초기에 외국에 진돗개를 수출했을 때 미국의 일부 지역에서 난폭한 개로 알려져 진돗개를 경계하고 싫어하는 현지인이 많았다고 한다. 필자가 아르헨티나에서 심사를 볼 때 같은 진돗개인데 교포들이 기른 진돗개는 현지인이 기르는 개보다 더 사납고 친화력이 부족했다.

24개월까지의 영어덜트 시기는 이미 외형적으로 다 성장한 상태이고, 나이가 들면서부터는 골격이 부분 부분 조금씩 발달한다. 사람도 운동을 하면 멋진 근육질의 몸으로 발달하는 것처럼 개도 운동하고 가꾸어야 한다. 혈통이 아무리 좋은 개라도 매일 묶어만 두면 앞다리 쪽이 뒷다리 쪽보다 낮아지고 등선도 처진다. 좁은 공간에 가두어 두면 전체적으로 근육 발달이 안 돼서 가슴이 좁아지고, 뒷다리의 비절은 145~150도 정도의 각도가 나와야 하지만 운동이 부족하면 좋은 각도를 가질 수 없다.

특히나 훌륭한 챔피언 개를 만들고 싶으면 앞에서 강조한 것처

진돗개 공인 혈통서 들고 첫 프랑스 방문

미국 AKC 방문

럼 어려서부터 특별히 많은 노력이 필요하다. 좋은 개로 키우기 위해서는 세 가지가 필요하다. 첫째, 좋은 혈통견, 둘째, 견주의 많은 노력, 셋째, 훌륭한 훈련사. 이 세 가지는 필수다. 그리고 이때부터 암컷은 교배를 통해 강아지를 출산하는데 반려견 번식은 여러 가지 중요사항이 있어서 따로 공부가 필요하다. 이때쯤 진돗개는 암수의 외형과 놀이를 하는 형태가 많이 달라진다. 이때 눈에 띄는 행동은 서열 정하기다. 심하다 싶을 정도로 서열 정하기에 매진한다. 이성 간에는 싸워도 그다지 심하게 싸우지 않지만 동성 간에는 싸우는 정도가 대단히 심해서 베이비 때부터 같이 자란 사이가 아니라면 함께 둘 경우 깊은 상처를 입을 수도 있기 때문에 각별한 주의가 필요하다. 특히 전람회 참여에 목적을 둔 미견(美犬)이라면 더욱더 주의해야 하고, 이성 간이라도 먹이를 줄 때에는 예민할 수 있으니 주의해야 한다.

　　지나치게 공격적인 성향을 가진 진돗개도 있다. 근본적으로 강한 수렵성을 가진 견종이므로 다 큰 뒤에 성격을 바꾸기는 무척 어렵

기 때문에 누차 설명한 것처럼 어려서부터 사람이 많이 만져주고 사랑하며, 다른 개들과도 어울릴 수 있게 견주가 세심하게 신경 써야 한다. 지나치게 난폭해지면 안 된다는 것을 확실히 해둬야 성장해서도 사회성 있는 개가 된다. 무엇이든 한꺼번에 만들어지지 않는다는 사실을 기억하자. 인간이 현대사회에서 적응해 살아가기 위해서는 최소한의 법과 질서를 지켜야 하듯 사람과 개가 함께 살아가는 데에도 기본적인 교육이 필요하다는 점을 명심하자.

24개월 이상 성견

사람은 누구나 아프지 않고 건강하게 오래 사는 것을 원하고 그렇게 살기 위해 좋은 음식, 좋은 환경에 신경 쓰며, 건강검진을 하고 운동을 하는 등 많은 노력을 기울인다. 나의 반려견도 아프지 않고 건강하게 오래도록 함께 살기를 원한다면 견주가 기본적인 지식을 가져야 한다. 요즘은 생후 10년까지는 특별히 아프지 않고 건강하게 사는 개들이 많다. 개의 나이 10년이면 사람으로 치면 약 60세 정도다.

견주는 평소에 해야 할 것과 한 달에 한 번 정도 해야 할 것, 계절별로 해야 할 것과 정기적으로 해줘야 할 것들을 기억해야 한다. 먼저 매일 신경 써야 하는 것은 건강한 먹이 주기와 운동이다. 사료는 2년이 지나면 하루에 한 번을 주어도 무방하지만 사람과의 좋은 관계를 위해서는 일정한 시간에 양질의 사료를 두 번 주는 것이 좋다. 개에게 절대 주지 말아야 하는 음식은 차가운 우유, 포도류, 초콜릿, 파, 양파, 오징어, 문어, 땅콩, 날카롭고 강한 뼈 종류, 과자나 빵 등이 있다. 항상 사료를 주기 전에 울타리가 있는 곳이면 풀어주어서 마음껏 뛰어놀게 해준다.

어느 정도 뛰어놀고 나면 간단한 훈련을 하고 난 후 사료를 주면서 가두거나 목줄을 하면 사람이 관리하기가 좋다. 사료를 주고 난 뒤에 묶거나 잡으려고 하면 잘 안 오고, 말을 잘 듣지 않는다. 원하는 방향으로 이끌면서 먹이를 줘야 한다는 점을 기억하자. 특히 진돗개는 다른 개보다 영리하여 묶거나 가둔다는 것을 알기에 잘 오지 않는다. 울타리가 없으면 함께 산책하며 운동을 시켜주고 사료는 같은 방법으로 준다.

　그리고 매일 체크해야 하는 것이 변의 상태다. 그래야 건강 상태를 체크할 수 있다. 그리고 어디를 심하게 긁지는 않는지 체크하고, 눈, 코의 상태도 매일 봐야 한다. 무더운 날씨에는 밖에 있는 개라면 차양을 해줘야 하고 비를 피할 수 있는 공간도 꼭 필요하다. 사람은 말을 하지만 개는 병이 한참 진행되어 나빠진 뒤에 뚜렷이 표시가 나기 때문에 건강 상태를 평소 꼼꼼히 살펴봐야 한다. 예를 들어서 설사를 한다면 내장 기생충 감염과 식중독을 의심할 수 있고, 혈변이라면 장염과 괴양성 대장염 등, 그리고 검은 변은 소화기 이상이나 디스템퍼를 의심해볼 수 있고 변의 냄새가 좋지 않으면 내장기관 이상을 의심해 봐야 한다.

　그리고 깨끗한 물을 항상 먹을 수 있게 공급해 줘야 한다. 또한 한두 달에 한 번은 꼭 구충제를 먹여야 하고 심장 사상충 약을 여름이 시작되는 5월 초부터 모기가 없어지는 10월까지는 꼭 먹여야 한다. 심장사상충 약을 먹일 때는 구충약을 먹이지 않아도 된다. 그리고 1년에 한 번 광견병 접종을 해야 한다. 특히 외부로 많이 나다니는 개는 꼭 접종해야 한다. 광견병은 바이러스성 질병으로 세계적으로 발생하는 개의 전염병 중 가장 무서운 병이다. 이 병은 사지동물(四肢動物) 즉, 소, 말, 여우, 고양이, 너구리뿐만 아니라 사람에게도 전염되는 병으로 한번 발병하면 치료가 어렵다. 광견병에 걸린 개는 7일 이전에 죽게 되므로 10일이 경과해도 이상이 없으면 광견병에 대해서는 안심해도 된다.

또한 1년에 한 번씩 추가 접종을 해야 하는 것이 DHPPL(5종 종합백신)이다. 성견이 되면 면역력이 생겨서 웬만한 병은 이겨 내지만 심할 경우 백신을 한 개와 하지 않은 개는 확실히 차이가 있다. 특히 소형견은 중·대형견보다 병에 대한 저항 능력이 떨어진다. 끝으로 중요한 한 가지, 건강을 위해 개도 사람처럼 견종의 표준 체중을 꼭 지켜야 한다는 점을 기억하자.

10년 이상 노령견

모든 생명체는 태어나 자연스럽게 늙어 간다. 조금은 슬픈 이야기이지만 이것은 자연의 섭리다. 그래서 사람들은 살면서 생일 날을 특별히 기념하며 일생을 살아간다. 과거에는 10년 이상 사는 개를 보기가 어려웠지만 요즘은 아니다. 각종 예방접종과 양질의 사료, 거기에 반려견이 아플 때 적절한 치료가 이뤄져 사람처럼 반려견의 평균 수명도 높아지는 추세다. 하지만 10년 이상 살아온 노령견부터는 성견을 키우던 생각으로 똑같이 관리하면 안 된다. 편의상 10년이라고 했지만 일찍 노화가 시작된 개들은 생후 7~8년부터 이가 빠지는 등 노령견의 단계에 접어든다.

노령견의 특징과 변화, 신경 써야 할 점들을 살펴보면 첫째, 제일 먼저 나타나는 현상이 그렇게 잘 뛰어놀던 개가 잘 움직이려고 하지 않는다는 점이다. 그런 때에 사람이 자꾸만 안아주고 묶어만 두고 가

두어 두면 개는 빠른 시간에 늙어간다. 그래서 규칙적인 운동이 필요하다. 운동을 하지 않던 개라면 처음에는 가까운 곳부터 산책하면서 조금씩 운동량을 늘려간다. 단, 계단을 뛰거나 무리해서 빨리 뛰지는 말아야 한다. 뼈와 근육에 무리를 줄 수 있기 때문이다.

둘째, 병이 올 수 있다. 병이 왔을 때 조기에 발견해서 적절한 치료를 해야 한다. 개도 사람에게 생기는 모든 병에 걸릴 수 있다. 신경계, 순환계, 심혈관계, 비뇨기계, 호흡기계 등 다양한 질병이 찾아온다. 사람도 조기 검진과 빠른 치료가 중요하듯 개도 똑같다.

셋째, 먹이가 달라져야 한다. 노령견의 경우 사료는 적절한 단백질과 비타민, 미네랄이 함유된 사료를 주어야 한다. 요즘은 노령견 사료도 시중에 다양하게 나와 있지만 여의치 않으면 평소 사료를 균형

있게 공급해줘서 저체중이나 비만을 피해야 한다. 그리고 특별히 어느 기능이 떨어졌을 경우 치료를 목적으로 하는 영양제들도 시중에 나와 있다. 뭐든 지나치지 않게 먹이고, 영양제도 적당히 주도록 하자. 특히 평소 안 먹던 고기나 질기고 지나치게 단단한 음식 등은 노령견에게 주지 말아야 한다.

마지막으로 중요한 것이 노령견의 스트레스 관리다. 사람에게도 스트레스가 큰 문제지만 노령견에게도 대단히 중요하다. 개가 스트레스가 많은지 체크하려면 다음 행동을 살펴본다. 이유 없이 짖어대고 사람을 물려고 하며, 평소에 그러지 않던 개가 주인이 말하거나 만지려 하면 피하고 웅크린다. 산책을 싫어하며 움직이길 싫어한다. 식욕이 떨어지고 자주 졸기도 하며 때와 장소를 가리지 않고 오줌 똥을 눈다. 그리고 수면 장애가 오기도 하고 자다가 소리 내어 짖기도 한다. 가끔은 난폭한 행동을 하는 개들도 있다. 개들은 나이를 먹으면서 걷기보다 서기를, 서기보다 눕기를 좋아한다.

사람도 지나친 변화가 두렵고 불안하다. 마찬가지로 노령견에게도 큰 변화는 심한 스트레스 요소다. 그래서 결론적으로 노령견은 사람이 좀 더 관심을 가지고 사랑으로 보살펴야 한다. 노령견과 함께 보내는 시간이 힘들 수도 있다. 누군가를 보살피려면 그만큼 에너지가 많이 필요하기 때문이다. 하지만 노령견을 보살피는 것은 오랜 시간 함께한 반려견에 대한 배려이자 긴 시간 동안 우리에게 많은 즐거움과 행복감을 안겨준 반려견에 대한 보답이라고 생각한다.

3. 입양하여 건강하게 함께 살아가는 법

반려견 선택

반려견의 선택은 대단히 중요한 일이다. 오랜 시간 나의 집에서 같이 살게 될 반려견을 선택하는데 어찌 충동적으로 결정할 수 있을까. 나의 주거 환경, 즉 아파트인지 단독주택인지도 고려해야 한다. 주택이라면 마당이 있는 집과 없는 집 등도 고려해야 하고 개의 크기나 성격도 천차만별이니 심사숙고해야 한다. 특히 어린아이가 있는 집이라면 더욱더 고민할 것이 많다.

처음에 선택을 잘해야 후회하지 않으며, 개의 수명이 15~20년인 것을 고려해서 아이보다 까다로운 새 식구를 들인다고 생각하고 세심하게 이것저것 따져보아야 한다.

대부분의 반려견은 어릴 때 귀엽고 예쁘다. 그 모습에 반해 즉흥적으로 선택하면 몇 달 후에 실망할 수도 있다. 성견이 된 이후의 모습까지 찾아보고, 키나 덩치가 얼마나 커질지 예상해봐야 한다. 또한 그 개가 우수한 순종인가 아니면, '믹스견'인가를 알고 선택해야 성견이 된 뒤에도 실망하지 않고 오랜 식구가 될 수 있다. 주인에게 버림받은 유기견이 너무나 많아 안타깝다. 반려견을 가족으로 처음 맞이할 때 부디 신중하게 결정하기 바란다. "식구를 버리시겠어요?"라고 물으면 누구나 아니라고 대답할 것이다. 하지만 현실에서는 버려진 반려견이 너무나 많다.

어느덧 우리나라도 '반려동물'이라는 말이 낯설지 않을 정도로 다수의 가정에서 반려견을 기르는 시대가 됐다. 개를 키우는 것은 단순한 취미 정도가 아니다. 반려견을 키운다는 것은 내가 사랑을 주고, 사랑을 실천하고, 마음의 행복감을 느끼는 대단히 중요한 존재가 생긴다는 것이다. 키워서 독립시키는 것이 아니라 평생 내가 잘 돌봐줘야 할 대상이 생기는 것이다.

견종을 선택해서 집으로 데려오는 순간 한 식구가 된다. 식구란 말 그대로 한집에서 같이 생활하며, 함께 먹고사는 관계다. 비록 개일지라도 대단히 중요한 관계다. 한집에서 최소 몇 년에서 최대 20여 년 가까이 함께할 사이이므로 신중하게 선택해 중간에 개를 버리는 일이 없어야 한다. 하지만 현실은 해마다 유기견이 늘어나고 있으며, 특히 휴가철에 더욱 늘어난다.

필자가 2006년 8월 10일 CBS 라디오 〈뉴스야 놀자〉 생방송에서 애견인이 알아야 할 기본적인 이야기를 한 적이 있는데, 댓글이 무려 1,030여 건이나 달리며 주목받기도 했다. 우리 애견인들이 반려견과 함께하면서 기본적으로 알고 있어야 할 것들이 몇 가지 있다. 반려견은 일회성 소모품이 아니다. 꼭 지켜줘야 하고 보호해줘야 하는 인격체임에 틀림이 없다.

더불어 방송에서도 말했지만 반려견을 데리고 밖으로 나갈 때에는 필수 준비물이 몇 가지 있다. 첫째, 목줄이다. 목줄은 꼭 하고 나가야 개를 잃어버리지 않고, 타인에게 피해를 주지 않는다. 둘째, 연락처를 적은 이름표를 개의 목에 걸거나 '인식칩'을 삽입해야 한다. 셋째, 배변을 치울 수 있는 휴지와 봉지를 반드시 준비해야 한다.

참고로 자신의 반려견을 잃어버렸다면 당황스럽겠지만, 다음과 같이 침착하게 대처해 보면 좋을 듯하다. 먼저 주변을 살펴보고 가까이 있는 애견숍이나 동물병원을 찾는다. 잃어버렸어도 쉽게 포기하지 말고 발빠르게 전단지를 만들어 사진과 함께 견종, 크기, 색상, 이름, 연락처 등을 적어 '반려견 찾기'를 꼭 해야 한다. 많은 금액이 아니더라도 사례금을 명기하면 좀 더 효과적이다. 이렇게 작은 포스터를 만들어 구청이나 시청 관련 부서 또는 관리소와 동물병원, 애견숍 등에 부탁해 부착하면 찾을 확률이 그만큼 높아진다.

입양하기 전에 생각해볼 것들

반려견을 데려오기 전에 먼저 나와 우리 집 환경이 개를 키우기 적합한지 알아보는 노력이 선행되어야 한다. 우리 집에서 어떤 견종의 개를 기르고, 어느 수준의 개를 기를지 신중하게 고민하고 선택해야 한다. 진돗개를 예를 들면, 최고로 좋은 혈통의 개를 선택해 우수한 개로 길러 최종적으로는 전람회까지 겨냥한 쇼 독을 선택할 것이냐, 아니면 보통의 개를 입양해서 집을 지켜주고 집에서 함께 사는 정도의 반려견을 선택하느냐 하는 목적이 분명해야 한다. 최종적으로 번식까지 생각하면 혈통이 완벽하고 확실한 세계적으로 공인된 혈통서를 가진 공인 견을 처음부터 길러야 한다.

번식가들 중에는 시행착오를 짧게는 몇 년, 길게는 몇십 년 동안 하며 기준을 못 정하고 갈팡질팡하는 사람들을 정말 많이 봤다. 진돗개에 대해 이야기해보면 각각의 단체들이 주장하는 말들이 있다. 그 이야기들을 들어보면 가관이다. 자신들의 개가 순종이고 좋은 개이며, 다른 사람의 개는 잡종이라고 극단적으로 표현하는 사람들이 종종 있다. 앞서 언급한 것처럼 '표준견과 좋은 혈통의 개가 있을 뿐 순종이란 없다'는 말을 기억하자. 세계의 명견들이나 현재

우리나라의 삽살개나 동경이 같은 모든 개들은 많은 사람들이 견종 '표준'을 만들기 위해 국비 지원까지 받아가며 표준견을 만들어 가고 있는 중이다. 그래서 공인 표준서가 중요함을 다시 한 번 강조하고자 하는 것이다.

우수한 개를 키워보고 싶다면 좋은 혈통의 개를 선택해야 한다. 강아지 때에는 전문가들도 확신을 못 하기 때문에 혈통이 있는 개를 선택하고 공인 혈통서까지 있는지 확인한다. 신뢰할 수 있는 번식가 (breeder)의 견사에서 태어난 강아지인지를 꼼꼼히 살펴보자. 진돗개뿐만 아니라 타 견종도 똑같은 절차를 밟아서 입양해야 한다. 특히 전람회까지 생각하는 챔피언 개를 길러보고 싶다면 더욱더 발품을 팔고 충분한 지식을 쌓아서 신중하게 결정해야 한다.

평범하게 삶을 함께 살아갈 반려견을 찾는다면 지나치게 비싼 견종이나 혈통견을 고집할 필요가 없다. 영리한 믹스견도 많고, 영리한 정도가 반려견의 액수와 꼭 비례하는 것도 아니다. 주변을 살펴보면 돈을 들이지 않고도 입양할 수 있다. 각 지역의 시나 구청에는 유기견을 관리하는 곳이 있다. 그런 곳에서 유기견을 입양해서 키우는 것도 좋은 방법이다.

주변 애견숍이나 동물병원에서 강아지를 데려올 때는 생후 7~12주 사이의 강아지가 적당하지만 키우기가 어렵고 면역력이 약한 소형 견종은 10~20주 사이에 입양하는 것이 좋은 방법이다. 그리고 요즘 인터넷으로 반려견을 분양하는 사람도 많은데 사진으로 보는 것과 실제는 차이가 있으므로 정말 믿고 분양해도 될지를 잘 살펴보기 바란다. 또한 대부분의 테리어 종들은 운동량이 많고 활동적이므로 견종의 특징을 공부한 뒤 자신의 성향과 맞는 견종을 선택하는 것도 매우 중요하다. 주위에서 강아지 한 마리 줄 테니 길러보라고 해서 덜컥 준비 없이 기르는 일은 없어야겠다.

건강한 반려견 찾기

반려견을 기르기로 결정했다면 이제 건강한 강아지를 만날 일만 남았다. 첫째, 처음 봤을 때 눈빛이 초롱초롱하게 맑고 또렷해야 한다. 사람도 눈빛이 중요하다고 하는데 강아지도 같은 맥락에서 볼 수 있고, 눈만 봐도 건강 상태를 어느 정도 체크할 수 있다. 활기차고 명랑하며 장난을 치며 잘 노는, 눈이 맑은 강아지를 찾아보자.

둘째, 혈통이 있는 개를 원한다면 견종 표준에 얼마만큼 가까운지를 보자. 여러 마리가 함께 있을 때는 선택의 폭이 넓기에 표준을 참고하는 것도 하나의 방법이다. 예를 들어 진돗개 황구의 경우 코 부분이 조금 더 검으며, 전체적으로 검은색을 띤 황색이다. 털이 지나치게 길거나 너무 짧은 것은 성견이 되어도 별 차이가 없고, 다리나 가슴에 흰색이 많은 것은 성견이 되어도 없어지지 않는다. 강아지 때 좀 검게 보이는 것이 5개월 정도 지나면 황색으로 변한다. 아파트에서 주로 기르는 소형견들의 분양가가 일반적인 강아지는 30~100만 원 한다면 우수한 혈통견은 10배인 300~400만 원을 줘야 하기에 더욱

더 신중하게 선택해야 한다. 같은 어미에서 태어난 형제견인데도 외견상 차이가 많이 난다면 바람직한 혈통견이라 할 수 없다. 외면의 모습이 똑같을수록 좋은 혈통견이라 할 수 있다. 똑같은 모습의 강아지라면 그중에 제일 큰 강아지가 제일 건강하다고 보면 무난하다.

참고로 혈통견을 찾는다면 이빨도 살펴보자. 4주가 지나면 대체적으로 이빨이 나는데 입을 다물었을 때 교합상태를 살펴보면 정상 교합인지, 부정교합인지 알 수 있다. 이갈이를 4~7개월에 하는데 강아지 때 약간의 부정교합은 이갈이를 하면 정상으로 나는 경우도 있지만 심한 부정교합은 이갈이를 한 뒤에도 정상으로 안 나는 경우가 많다. 불독(bulldog)같이 부정교합을 인정하는 견종도 있지만 대부분의 견종은 정상 교합을 가져야 한다. 집에서 기르는 데는 그다지 중요하지 않지만 번식을 하거나 쇼에 출진한다면 감점 요소이다.

셋째, 암컷을 기를지 수컷을 기를지 결정해야 한다. 길러서 직접 번식까지 해보고 싶다면 당연히 암컷을 선택해야겠다. 암컷은 매년 2회 정도의 발정 기간이 있어 그때그때 교배를 시켜서 강아지 번식이 가능하지만 그런 목적이 아니라면 수컷을 기르는 것도 좋다. 암컷은 발정기라는 특징이 있어 별도로 신경을 좀 써야 하고, 수컷은 그런 것이 없다. 하지만 수컷은 영역 표시를 적극적으로 하는 버릇이 있어 강아지 때부터 훈련이 필요하다. 그리고 암컷과 수컷의 성격의 차이도 있다. 수컷은 좀 더 강하고 듬직하며, 암컷은 잘 짖고 애교도 수컷보다는 많은 편이다.

넷째, 건강 상태를 면밀히 살펴봐야 하고, 예방접종 여부를 체크해야 한다.

정리하면 '눈이 맑고 활기차며 코에 윤기가 있는가? 견종 표준에 얼마만큼 가까운가? 설사를 하지 않는가(항문 체크)? 털에 윤기가 있는가? 귓속이 깨끗하며 냄새가 나지 않는가? 사람이 만졌을 때 거부감 없이 친밀하게 다가오는가?' 등을 꼭 참고하길 바란다. 사람에게 친밀하게 다가오는 친화력이 좋은 강아지는 빨리 새로운 환경에 적응할 수 있다. 간혹 진돗개 강아지 중에는 사람의 손길을 무척 싫어하는 경우가 있는데 이는 번식자의 손길이 부족했기 때문으로 추측한다.

훌륭하게 잘 기르려면

'세 살 버릇 여든까지 간다'는 말이 있다. 참으로 맞는 말이다. 어려서 강아지의 버릇을 잘못 들이면 심하게 말해서 평생 사람이 힘들게 시중을 들어야 한다. 이는 개를 위해서나 사람을 위해서 모두에게 바람직하지 않다. 그래서 어렸을 때 버릇, 즉 훈련이 대단히 중요하다는 말이다.

예를 들어 진돗개 강아지를 기르기 시작한다면, 생후 4~5개월까지는 훈련만 잘 시켜 실내에서 소형견처럼 키워도 무방하다. 외국에서는 중형견을 실내에서 기르는 집도 많다. 밖에서 기른다면 우선 잠을 자고 쉴 수 있는 편안한 집을 장만하고, 목줄, 밥그릇, 사료를 준비

한다. 사료는 가능하면 기존에 먹던 사료가 무엇인지 물어봐서 같은 사료를 주는 것이 좋다. 사료의 품질을 잘 살펴봐야 하는데 1년까지는 많은 열량이 필요하다. 그래서 1년까지는 품질이 우수한 강아지(puppy)용 사료를 먹여야 한다. 다만 사료를 너무 많이 주면 변이 묽고 설사를 하니 주의하자.

그리고 혈통서가 있는 강아지라면 그 이름을 불러주면 되겠지만 새로 이름을 지어줘야 한다면 가족 모두 의견을 모아서 결정하면 된다. 이름은 가능하면 짧은 음절로 짓는다. 톰, 예삐 등과 같이 한두 음절이 좋다. 세 음절이 넘으면 개가 익숙해지는 데 시간이 걸리고, 식구가 아닌 다른 사람이 부르면 더욱 알아듣기 어려워한다. 그래서 과거에는 '쫑'이나 '메리' 같은 부르기 쉬운 이름을 많이 지었다. 입양해서 첫날부터 목줄을 해서 묶어두면 며칠간 울기도 하고 낑낑거리며 소리를 내서 주변에 피해를 준다. 그래서 처음에는 묶어두기보다는 우리에 가두어 두는 것이 좋고 데려올 때 함께 가져온 장난감이나 용품을 함께 놓아두면 강아지가 안정감을 가지고 빨리 적응한다.

실내견은 실외견보다 준비해야 할 것이 좀 더 많다. 청결에 신경을 써야 하기에 패드, 브러쉬, 목욕용품 등 부수적인 것이 좀 더 필요하다. 중요한 먹이에 대하여 좀 더 설명하자면, 4개월까지는 하루에 4회 정도 주는 것이 좋다. 한꺼번에 많이 먹으면 배탈이 날 수 있어 조금씩 자주 주고, 4개월이 지나서는 3회, 1년이 지나서는 2회, 2년이 지나서는 1회를 주어도 무방하다. 사료를 물에 10분 정도 불린 후 주면 어린 강아지에게는 소화하는 데 도움이 되기도 한다.

그리고 기르면서 제일 먼저 배변 훈련을 해야 한다. 지정된 곳에 대소변을 볼 수 있도록 훈련을 시켜야 한다. 지나치게 무리하지 말고 처음 오는 날부터 배변 훈련을 하는 것이 좋다. 모든 훈련을 할 때는 짧고 단호하게 하며 상벌을 확실하게 해야 한다. 대소변을 위한 공간은 처음 왔을 때 베란다나 욕실에 자리를 만들어 두고, 대소변을 보게 할 때에는 처음 변을 치운 휴지나 걸레를 그곳에 놓은 뒤 강아지가 1~2시간 간격으로 대소변을 보면 그곳으로 1~2시간 안에 유도해서 대소변을 보고 나오도록 한다. 정해진 위치에서 성공적으로 대소변을 보고 나면 애정 어린 칭찬을 해줘야 한다. 며칠 반복해서 훈련하면 웬만한 강아지는 다 잘한다. 진돗개 강아지는 밖으로 데리고 나가면 좀 습한 곳으로 가서 변을 가리는 강아지가 많다. 원하지 않는 곳에 대소변을 봤다면 깨끗이 청소한 후에 냄새를 없애주면 효과적이다.

목욕은 데려온 지 3일 정도 후부터 하고 견종에 따라 장모종은 1~2주, 단모종은 3~4주에 한 번씩 하는데 특히 주의해야 하는 것은 귀에 물이 안 들어가도록 조심하고 목욕 후에는 물기가 남아 잊지 않도록 완전히 말려야 한다는 점이다. 특히 귓속과 목, 발가락 사이는 더욱 신경을 써서 말려 줘야 한다. 물기가 남아 있어 강아지가 긁으면 피부병이 생길 수 있다. 그리고 잠을 잘 자도록 환경을 만들어 줘야 한다. 특히 밤에는 개를 귀찮게 하지 말자.

질병 예방법

개의 수명은 얼마나 될까? 개의 수명도 사람과 마찬가지로 경제 수준이 높아지면서 평균 수명이 많이 늘었다. 필자가 처음 개를 키우던 37년 전과 비교해 봐도 확실히 다르다. 그때는 15년을 넘기는 개들이 별로 없었지만 요즘 관리를 잘 받는 개들은 10년은 기본이고 15~20년까지도 산다.

그럼 건강하게 오래도록 함께 살아갈 개들이 아프지 않게 하려면 어떻게 해야 할까? 신경 쓸 것이 여러 가지 있겠지만 첫걸음은 바로 예방접종이다. 기본이 되는 DHPPL(5 종합백신) 디스템퍼, 파보 백신, 간염, 파보 인플루엔자, 렙토 스피라는 요즘 필수적으로 접종해야 한다. 제일 기본이 되는 파보 백신 등은 건강한 상태였을 때 접종을 시작하는데 생후 4주부터 접종을 시작하여 4차까지 맞아야 한다. 단, 강아지의 건강 상태가 안 좋은 날에는 접종하지 않는 것이 좋다. 이는 수의사와 상담해서 결정하자.

그리고 파라인플루엔자(parainfluenz) 즉 전염성 감기 백신도 잊지 말고 접종해주는 것이 좋다. 또한 무엇보다 중요하고 큰 문제가 내부 기생충인데, 어미 개가 기생충에 감염되어 있었으면 태반을 통해 자견에게도 감염되기 때문에 생후 20일경부터 기생충 약을 먹여야 한다. 1차 구충했다고 안심하지 말고 2차를 2주 후에 해주고, 상태를 봐서 3차까지 해주어야 여러 기생충을 없앨 수 있다. 종합 구충제는 약이 좋아져서 대부분 십이지장, 회충, 편충, 촌충, 간충까지 해결할 수 있다.

그리고 개에게 대단히 위험한 심장 사상충이 있는데 전 세계적으로 심각한 문제다. 옛날 우리나라에서는 거의 발견되지 않았지만 외국의 많은 개들이 수입되면서 요즘은 심각한 문제로 대두된다.

이 심장 사상충은 기생충으로 개, 여우, 늑대 등에 감염되며 초기에는 체중 감소, 빈혈 등을 보이다가 심해지면 기침, 호흡곤란 등의 증세를 보인다. 결국 더 심해지면 심장, 폐, 간 등에 심한 손상을 주어서 결국 사망한다. 매개체는 모기다. 검사는 간단히 혈액검사로 할 수 있고 치료는 할 수 있지만 간단치 않아 무엇보다 예방이 최선책이다. 모기가 활동하기 한 달 전부터 예방해주어야 한다.

개들의 내부 기생충 전염 경로는 첫째, 대소변에 의한 전염, 둘째, 개 주변 환경에 의한 전염, 셋째, 먹이로 인한 전염, 넷째, 모기나 쥐 등에 의한 전염 등 여러 경로가 있다. 이 외에도 외부 기생충들이 있는데 그중에 몇 가지를 살펴보면 모낭충이 있다. 피부 모낭에 생기는 병으로 털이 빠지며 진물이 난다. 또 옴(개선충)이 있는데 눈에 안 보일 정도로 작은 진드기의 일종으로 복부, 흉부 등에 발병하며 빠른 치료가 필요하다. 이 외에도 이, 벼룩, 진드기 등 여러 외부 기생충들이 있다. 치료방법도 다양하기에 수의사와 긴밀히 상의하는 것이 좋다.

반려동물의
예절교육은
기초를 가르치는
훈련과정의 하나입니다.
기초 예절교육이
충실히 된다면
그것이
바로 명견입니다.

1장

훈련사의 꿈

1. 순종견 입양의 꿈

나의 살던 고향은

나는 지금의 세종시, 옛날 이름으로는 충남 연기군 전의면 신정리 산골 마을에서 태어났다. 당시에는 보통 집집마다 개를 키웠는데, 우리집에는 검둥이와 누렁이가 있었다. 항상 나를 졸졸 따라다니던, 나의 가장 친한 친구들이었다. 어린 시절 뒷동산으로 친구들과 사냥놀이를 가더라도 강아지는 어김없이 나를 쫓아왔다. 개가 마냥 좋았던 시절이었다.

　부모님은 방앗간을 하셨다. 1980년 초반만 하더라도 우리나라는 살기 어려운 시대였다. 방앗간은 가을이 제일 분주했다. 가을걷이가 끝나면 밤늦게까지 방아를 찧어야 했다. 그러던 어느 날 그만 방앗간에 불이 나서 한순간에 잿더미가 되었다. 방앗간은 고스란히 빚으로 남아 당시는 힘든 시기의 연속이었다. 불행은 여기서 끝난 것이 아니었다. 중학교 2학년 때, 아버지가 갑자기 불미스러운 사고로 돌아가시고 나서 우리 집안은 그야말로 앞길이 막막한 상황이었다. 형제는 나까지 4남 1녀. 지금은 의무교육이지만 당시에는 없는 살림에 학교 다니기도 쉽지 않았다.

나는 일찌감치 돈을 벌어야겠다고 결심했다. 요즘 들어서 어린 나이에 어떻게 그런 생각을 했을까 하면서 나 스스로가 대견하다는 생각을 해보고 혼자 웃어보기도 한다. 나의 목표가 돈을 버는 것으로 바뀌기 시작하던 시절이었다. 직접 아르바이트를 하고 돈을 벌어야겠다는 생각뿐이었다. 나는 중학교를 다니면서 여러 가지 일을 했다. 동네 형님들이 추수가 끝나면 산판일(나무 베는 일)을 했는데 나도 방학이 되면 동네 형님과 아저씨를 따라다니면서 아르바이트를 했던 것이다. 어렸기 때문에 산을 따라다니면서 그나마 쉬운 나무 잣대 대주기와 나무 굴려 내리기, 식사 당번 등을 하여 학비를 벌고 생활했다. 어찌 보면 이것이 당시 나에게 주어진 역할이었다.

중학교 시절은 이렇게 지나고 고등학교는 천안농업고등학교 축산과로 갔다. 천안농업고등학교는 명문고로 통했던 시절도 있었지만 내가 진학하던 당시는 공부 못하는 사람이 간다는 인식이 있었다. 같은 동네에서 살던 친구들은 반장도 하고, 인문계 고등학교에 들어갔는데 나만 농업고등학교를 들어갔기 때문에 어머니가 창피하다는 이야기를 하시기도 했다. "이놈아, 너희 형도 농고 갔는데 너도 거기로 가느냐…." 하지만 나는 당당히 이렇게 말했다. 나중에 누가 더 성공하는지 지켜보시라고…. 그 당시는 우리 어머니가 그리 이야기할 수밖에 없었던 것 같다. 당시 시골에 전자 회사가 들어오면서 우리 동네 어머니들이 같이 이 회사를 다녔다. 출퇴근길에 늘 이야기하는 것이 자식 자랑인데 나는 내세울 만한 것이 없었기 때문에 그런 것 같다.

나의 꿈은 따로 있었다. 나의 목장을 만들고 싶어서 농업고등학교를 선택했던 것이다. 중·고등학교 시절 나는 토끼를 키웠다. 새끼를 낳으면 팔아서 용돈을 모으기도 했다. 목장의 꿈이 깨지기 시작한 것은 학교에서 전문 농장 경영을 배우고, 실습하면서부터였다. 점점 농장의 꿈이 줄어들기 시작했다. 문제는 바로 돈이었다. 소, 돼지, 닭…. 농장 규모를 보니 내가 생각했던 것과 거리가 멀었다. 우선 많은 돈과 넓은 땅이 필요했는데 나에게는 해당 사항이 없었던 것이다.

고등학교 시절 어느 겨울 방학, 취업 준비도 해야 하는 시기에 할아버지 추천으로 잠시 근화건설이라는, 집안 어른이 하는 회사에서 일을 했다. 월급이 다른 회사보다 두 배는 많았다. 철을 자르고 용접 기술을 배우면 우선 돈은 많이 벌 수는 있겠지만 일이 끝나고 나면 머리, 얼굴, 코… 모두가 시커먼 숯을 덮어쓴 모양새가 되었다. 돈은 벌고 싶었지만 내 길은 아니라는 생각이 들었다.

순종견과의 인연

때는 1987년 겨울, 전기도 늦게 들어오고 버스도 다니지 않던 오지 같은 시골에 집안 어르신과 서울 손님이 사냥을 오셨다. 포인터라는 사냥개를 데리고 엽총을 가지고 사냥을 나온 것이다. 한눈에 보아도 함께 온 개가 남달라 보였다. 명품견이라고 부르는 개를 평생 처음 만났던 순간이다. 정말로 멋있었던 기억이 난다. 지금 생각해보면 그 모습 때문에 훈련사의 길로 들어선 것이 아닌가 싶을 정도다. 포인터라는 개 자체도 처음 봤지만 순종견이라는 견주의 말이 개들도 순종이 있고 잡종이 있는지를 알게 된 계기였다. 그 개는 무엇인가를 던지면 쫓아가서 물어오기를 잘했다. 정말 신기해 보였다.

늘 그랬듯 겨우내 방학이면 나무 베는 산판일을 계속했다. 나이가 어려도 다른 일보다 돈도 많이 받았다. 그만큼 어린 나이에 산판일을 한다는 것은 쉽지 않았다. 자세히 기억나지는 않지만 모르긴 해도 방학이 끝나면 내 수중에는 돈이 꽤 모였고, 그 돈을 차곡차곡 모으기 시작했다. 고등학교 때는 통학이 불가능했기 때문에 자취 생활을 하면서 커피숍 알바도 했다. 돈을 조금씩 모으면서 나도 순종견을 한 마리 키워보겠다는 꿈을 갖기 시작했다. 꿈이 생기니 일도 훨씬 즐겁게 할 수 있었다. 사실 막연하게 생각했을 뿐 견종이 얼마나 다양하고, 어떤 개가 순종견인지도 잘 몰랐다.

그런 내가 개에게 미쳤다는 생각이 들었던 것은 1988년이었다. 대한민국은 88 서울올림픽 개최로 온 나라가 들썩였다. TV에서 88

서울올림픽 진돗개(진도견) 퍼레이드를 보여주기도 했다. 형님과 함께 서울에 계신 큰고모댁에 갔을 때, 내가 개를 너무 좋아한다는 것을 아신 큰고모부 덕분에 견사라는 곳을 방문할 기회를 얻었다. 큰고모부의 지인이 운영하시는 아키타 견사였다. 그분은 종견장으로 유명하신 분이라고 했다. 일본에서 온 아키타 종견을 눈으로 직접 보니 한눈에 보더라도 뭐랄까 너무나 멋이 있었다. 그 당시만 하더라도 우리나라에는 동물 잡지 같은 책도 거의 없던 시절이었다. 잡지에 나온 사진도 보고 '족보'도 직접 보니 아키타라는 견종에게 한눈에 반할 수밖에 없었다. 나는 망설일 것도 없이 모아둔 돈으로 아키타 강아지를 키워 보기로 결심하고 한 마리를 추천받았다. 나무 상자에 강아지를 싣고 기차와 버스를 갈아타며 집까지 내려왔다.

　세상을 다 가진 것처럼 좋았다. 자취 생활을 하다 보니 주말에 학교 수업이 끝나면 닭머리, 북어 껍질을 모아 시골로 향했다. 우리 할머니가 애지중지 돌봐 줬기 때문에 강아지를 키울 수 있었다. 이름은 '수미'였다. 우리 수미는 덩치도 크고, 멋있고 이쁘게 자랐다. 수미를 데리고 동네 한 바퀴 돌면 동네 개들이 조용했다. 포스도 남달랐고 줄을 매고 산책을 시켜주고 놀아 주며 '앉아, 엎드려' 교육을 시키니 곧잘 따라 해서 신기하기도 했다. 족보 있는 개는 뭐가 달라도 다르다고 자부심이 대단했다. 당시 시골 개는 거의 묶어서 길러졌고, 풀어진 개는 발바리, 나의 개는 족보 있는 명품 개였기 때문에 자랑거리였다. 수미를 데리고 나가면 동네 어르신들의 잘생겼다는 말 한마디가 어깨를 으쓱하게 만들었다.

세월이 지나 수미도 시집을 보내야 했는데, 내가 사는 지역에서는 아키타를 보지 못했기 때문에 분양을 받은 견사로 보냈고, 새끼를 낳았다. 새끼가 무려 10마리 태어났다. 정성을 다해 애지중지 잘 키웠다. 그런데 강아지 분양 시기가 되니까 고민거리가 생겨났다. 막상 분양을 하려고 하니 돈을 주고 사가려는 사람이 없었다. 당시 동네 어르신들은 흔히들 믹스견 데려가듯 그냥 가져가려고만 했다. 강아지 값을 이야기하면 깜짝 놀라는 것이 아닌가. 나는 50만 원이라는 큰 돈을 주고 수미를 데려왔다. 몇 년 동안 힘든 산판일과 카페 알바로 모은 돈으로 분양을 받은 것이었다. 심지어 아는 사이라서 5만 원은 깎아준 것이 45만 원이었다. 그 당시만 하더라도 내가 사는 지역에서 시골 똥개가 5천 원, 진돗개 강아지가 10만 원 정도였으니 강아지 값이 그 정도라고 하면 놀랄 수밖에 없었다.

어쩔 수 없이 아키타 견사에 전화해 강아지 분양을 부탁드렸다. 기쁘게도 다섯 마리를 사 가신다고 했다. 50만 원씩 다섯 마리라니! 나는 부자가 된 기분이었다. 하지만 강아지를 데리고 갔더니 마리당 10만 원씩 주시겠다고 했다. 고민 끝에 보내기로 했다. 들어간 돈의 일부라도 받을 수 있으니 다행이라고 생각하면서…. 하지만 사실 보내면서 어린 마음에 상처를 받기도 했다. 나는 50만 원에 강아지 한 마리를 샀는데 사가는 사람은 다섯 마리에 50만 원이라니, 억울한 부분도 있었다. 심지어 나는 종견료도 30만 원이라는 비용이 들어갔는데 왜 이러한 차이가 나는지 묻지 않을 수 없었다.

'성공하려면 유명해져라.' 이유는 간단했다. 나에게 묻는다. 전문 견사인가? 내가 갔던 아키타 777 견사는 유명 견사라고 했다. 전람회 상력은 좋은가? (수미 부견은 일본 수입견, 모견은 한국 챔피언) 브리더로 유명한가? (나는 이웅종, 아무도 모른다) 결국은 어떠한 분야에서 성공해서 부자가 되기 위해서는 유명해져야 하고, 그래야 많은 사람들이 찾아온다는 것이다. 그때부터 나도 미래에 유명한 종견장을 운영하는 꿈을 갖기 시작했다.

훈련사에 눈뜨다!

1990년, 고등학교를 졸업하고 목장을 만들겠다는 꿈은 접고 종견장을 열어보겠다는 새로운 꿈을 갖기 시작한 때, 꿈을 실현하기 전에 먼저 해결해야 하는 것이 있었다. 군입대. 당시 우리 지역 특성상 군대는 자원입대를 하지 않으면 지역에서 방위병이 되어야 했다. 다른 지역 근무지로 출퇴근하는 방위병의 모습을 보니 내가 생각하는 군 생활이 아니었다. 그래서 자원입대를 결심하고 가장 힘들고 멋있는 무적해병, 한 번 해병은 영원한 해병, 해병 620기로 입대했다. 여기서 갑자기 군대 이야기를 진지하게 꺼내는 이유는 나의 운명을 결정한 군견을 군대에서 만났기 때문이다.

해병 일병 시절 발령을 받아 해작사에서 가덕도로 전출을 갔다. 전출 근무지에서 셰퍼드(shepherd) 군견을 처음 만났다. 정말 멋있었다. 그리고 무엇보다 나를 미치게 만든 것이 바로 군견을 교육하는 모습이었다. 선임 해병이 '앉아, 엎드려, 차렷, 짖어, 공격하기, 장애물 뛰어넘기' 등을 훈련하는 모습을 보니 심장이 터질 듯한 감동이 밀려왔다. 몇 년 키웠던 아키타보다 저면 셰퍼드에게 더 큰 매력을 느낀 것이다. 군견을 통해 나의 꿈이 다시 바뀌는 순간이 왔다. 훈련사가 되고 싶었다! 사회에 나가면 교육하는 곳이 있다고 들었기 때문에 희망을 가졌다. 군 생활을 하면서 군견병 선임과 함께 보조를 맞추고 훈련하는 동작을 배우며 애견훈련사라는 직업에 눈을 뜬 것이다. 제대 무렵에 애견훈련소를 찾아보기로 결심하고 열심히 군 생활을 했다.

컴퓨터가 없던 시절, 상호나 전화번호를 알려면 우체국 전화번호부가 가장 빠른 정보망이었다. 시골집에서도 전화번호 책 하나 얻는 것이 1년 중 또 하나의 큰 행사 중 하나였던 시절이라고 보면 된다. 제대 말년에 전화번호부를 펴놓고 전국의 종견장과 애견훈련소를 찾아보았다. 어디로 먼저 가볼 것인가 고민했다. 내 기억에 11곳 정도를 찾아 번호를 적었다. 집에서 가까운 곳부터 천안중부애견훈련소, 수원이삭애견훈련소, 그리고 고양시, 안양시 몇 군데….

제대와 동시에 바로 애견훈련 기술을 배우기 위해 전화했다. 견습 훈련사를 구하는 곳이 있으면 방문하여 훈련 기술을 배우고 싶었다. 천안중부애견훈련소는 전화를 받지 않았다. 내가 사는 지역에서 제일 가까워 1순위였지만 통화가 되지 않아 두 번째로 적어둔 이삭애견훈련소에 전화를 걸었다. 견습 훈련사를 모집한다고 했다. 잠깐 사이에 누가 그 자리에 들어갈까 봐 하던 일을 멈추고 곧장 수원으로 달려갔다. 이삭애견훈련소를 찾아가니 다시 한번 심장이 마구 뛰기 시작했다.

　이형구 소장님과 면담을 마친 뒤 선배가 될 표성배 훈련사님이 훈련장을 안내해 주시고, 도베르만 그린이라는 개를 데리고 훈련 시범을 보여 주셨다. 군대에서 군견 훈련 모습만 보다가 사회에서 애견 훈련 모습을 직접 보니 더 다양하고 신기한 동작들이 많았다. 애견훈련사가 되어야겠다는 꿈에 한발 더 가까이 다가간 순간이었다.

진돗개 전람회 비교심사 진행 장면

2. 반려견 훈련사가 되다

다시 처음으로 돌아가서 나는 그때부터 유명해지기 위해 노력해야 했다. 최고의 훈련사가 되어야 한다는 목표가 있었다. 그러기 위해서는 먼저 전문성을 가져야 했기에 열심히 노력하고 준비했다. 훈련사로 성공하기 위해서는 훈련경기대회 챔피언을 해야만 했다. 열심히 교육을 시키려면 우선 좋은 개가 있어야 하며, 훈련을 장기간 시킬 수 있는 견주분을 만나는 것도 중요했다.

나는 훈련사가 되면서 번식장도 함께 운영하고 싶은 바람이 있었다. 훈련사가 자신의 개를 기르는 것은 훈련소에서는 허용되지 않았기 때문이다. 하지만 나의 스승님이었던 이형구 소장님은 번식하는 것을 승낙해 주셨다. 문제는 큰 개를 소유하고 훈련하는 것은 좋으나 번식은 훈련소가 아닌 다른 곳에서 해야 한다는 것이었다. 당시만 하더라도 훈련소에서 번식이 쉽지 않았다. 강아지 시기에 폐사율도 높고 디스템퍼나 급성 장염으로 죽는 경우가 많았던 시절이었고, 전염병이 돌면 다른 훈련견들에게 치명적이기 때문이었다. 특히 강아지 시기는 항체가 없고 질병으로 인한 전염성이 강해 훈련을 받으러 들어온 훈련견에게 전염시킬 수 있었기 때문에 번식이 어렵다고 했다. 그래서 고민 끝에 시골집에 견사를 지었다.

이때만 하더라도 진돗개 브리더를 꿈꾸지는 않았다. 이때는 코너스하우스 로트바일러를 보고 매력에 빠져 로트바일러 브리더를 꿈꾸었지만 분양을 받아와서 키워보려고 하면 죽기를 몇 차례 반복, 결국 포기했다. 군견으로 처음 만났던 저먼 셰퍼드 훈련견이 최고라고 생각해서 셰퍼드 공부를 시작하게 되었다. 애완동물보호협회는 진돗개가 있다면 애견협회는 저먼 셰퍼드가 있었다. 애견협회 전람회는 저먼 셰퍼드가 80%, 나머지는 기타 견이다. 전람회 참가라는 목표를 위해 훈련견을 기르고 저먼 셰퍼드 번식을 시작했다.

유명해지기 위한 나만의 노력

훈련소에서 제일 먼저 배정받아 훈련을 시작한 개는 진돗개 '진미'였다. 진미는 첫 번째 담당견이기도 하지만 첫 훈련경기대회 가정견 CD1 챔피언을 차지해 아직도 기억에 남는다. 이것이 진돗개에 대한 관심과 열정의 시작이 된 계기였으며, 개인적으로 유명한 훈련사가 되기 위한 노력의 출발점이기도 했다. 셰퍼드와 진돗개의 번식과 훈련을 위해서 함께 브리딩을 하여 전문견으로 만들었다.

내가 처음 한 일은 '유명해지기'였다. 이웅종을 알리고 훈련과 전람회에서 좋은 상력을 받아 인정받고 싶었다. 훈련사로 유명해지기 위해 라이벌 선배님과 동료들을 내 나름대로 정했다. 훈련 분야에서는 이광재, 임영배 소장님, 저먼 셰퍼드 핸들러 분야에서는 임영배, 왕재필, 배호열 소장님, 진돗개 핸들링으로는 명승호, 안충기, 김석, 박순태 소장님이 내가 정한 라이벌이었다. 이제야 털어놓는 옛날 이야기다. 언급한 저분들이 당시 그 분야에서 가장 잘나가시던 분들이다. 경찰견 훈련 챔피언과 전람회 성견 챔피언 수상견들을 많이 배출하여 널리 인정받는 분들이었기 때문이다. 당연히 저분들은 당시 나를 잘 모르셨을 것이고, 나를 라이벌이라고 전혀 생각조차 하지 않았을 때다. 라이벌을 정한다는 것은 자기만의 목표를 정하는 것이다. 목적 없이 도전하기보다 내가 이겨야 할 목표가 있을 때 빠르게 성장할 수 있다는 것을 믿는다.

나는 이삭애견훈련소와 이형구 스승님이 우리나라 교육과 훈련 분야에서 최고라고 믿는다. 나도 이삭애견훈련소에 있으면서 맹인 안내견, 보청견, 특수 목적견 분야에서 최고의 훈련기술을 지니고 있었다. 골든 리트리버, 래브라도 리트리버 미국 챔피언과 일본 챔피언 복서, 일본 챔피언 콜리 등 좋은 개를 만질 수 있었고, 전람회에서 좋은 상을 받을 수 있었으며, 핸들러로 성장하게 만들어 준 곳이 바로 이삭애견훈련소라는 것을 항상 기억하고 있다.

나는 훈련에도 소홀히 하지 않고 대회를 준비하여 가정견, 사역견, 경찰견 분야에서 훈련 챔피언을 최다 보유 중이다. 저먼 셰퍼드 내 산조 성견 챔피언을 직접 번식시켜 성견 암·수조 VA1석견을 배출하고, 직접 브리딩하고 전람회에 출진하여 조별 입상시킨 저먼 셰퍼드만 해도 어림잡아 50두 이상이 된다. 셰퍼드 잇소 이남수 견주님의 개는 우리나라 역사상 경찰견 PH조 훈련경기대회 챔피언, 저먼 셰퍼드 전람회 본부전 VA1석 챔피언 양대 챔피언을 차지하였다. 임영배 소장님의 셰퍼드 본드가 양대 챔피언이 되어 지금까지도 그 기록은 깨지지 않고 있다.

　　나는 훈련사가 되기 위해서 전국의 전람회와 다양한 축제 현장에서 훈련 시범을 진행하였으며, TV 방송매체에 소개되고 활발한 방송 활동을 하면서 점점 이웅종이라는 훈련사로서 이름을 알리는

것은 물론 전람회에서 핸들러로 이름을 알리기 시작했다. 기술적인 전문가로 인정받기 위해 각고의 노력을 하여 훈련사로 훈련경기대회에서 13회 지도수상 타이틀을 가지고 있으며, 진돗개 가정견 챔피언 진미와 대철이, 기타 견종 훈련 챔피언 100회 이상을 수상했다.

또한 PH 경찰견훈련경기대회가 세계대회규정 경기인 IPO(현재 IGP) 1, 2, 3 전 종목 훈련 챔피언을 수상하였으며 한국애견연맹 최우수 핸들러상을 3회 수상하였다. 지금은 연암대학교 동물보호 계열 교수로 강의하고 있다. 올해 대학에서 학생들을 가르친 지 20주년이 되었다. 대한명인회 대한민국 제1호 반려동물 교육의 명인 등재와 월드마스터 조직위원회 세계명인으로 선정되었으며, 아주대학교에서 정신의학과 의학 석사학위를 받았다. 유명한 사람이 되겠다고 다짐했던 시골 소년이 꿈을 이룬 것이다.

월드마스터위원회 김민찬 위원장 세계명인 선정 기념 촬영

3. 진돗개 전람회를 가다

수원에는 진돗개와 인연이 있는 분들이 많아서 나 역시 자연스럽게 진돗개와 연결되었다. 전람회에서 진돗개를 핸들링 하지 않으면 유명한 훈련사가 되기 어려웠던 시절이라고 말해야 좀 더 이해가 쉬울 것이다.

1992년 팔달문견사 박종화 심사위원의 진돗개를 핸들링 하기 시작하면서 본격적으로 진돗개와의 인연이 시작되었다. 당시 전국에 내로라하는 진돗개들이 즐비했으며 진돗개를 데리고 전람회에 나가 성견조에서 우승하기가 쉽지 않은 시절이었다. 나는 그때만 하더라도 전람회를 나가서 챔피언을 하는 것은 상상도 못 했다. 나는 주로 전람회에 나가기 전 관리하는 역할을 담당하였기 때문에 좋은 진돗개를 만질 수 있는 기회가 많았다. 이삭에서도 보통 진돗개 5~10마리 정도가 항상 전람회 출진을 하였다.

　수원지부 회원과 기타 출진자 중에 적은 숫자는 아니었지만 3위 안에 들어가기도 쉽지 않았기 때문에 경쟁하더라도 항상 밀리기 일 쑤였다. 대략 조별로 평균 20마리 정도 출진했다. 나도 어느 정도 진 돗개 핸들링에서 인정을 받기 시작하면서 좋은 개를 만날 수 있는 기 회가 주어졌다. 박종화 심사위원 가동 팔달문, 복돌이 양산일광켄넬, 강호, 해동프로스펙스, 일숙 팔달문, 태풍옥돌장, 흰갑돌비안인형하 우스, 성견 암·수조 챔피언이 나에게 찾아오면서 서서히 진돗개 핸 들러로 인정받기 시작하였다.

　처음 진돗개 훈련견을 만나고 전람회 핸들링을 하면서 진돗개와 의 인연이 지금까지 이어지고 있다. 지금은 프로 핸들러, 전문 브리더 활동을 통해 다양한 견종이 사랑받는 시대라고 하면 1990년 초반만 하더라도 전람회 핸들러는 훈련사들이 경쟁하던 시절이었으며, 훈 련사는 훈련경기대회와 전람회에서 좋은 상을 많이 받아야 인정받 는 분위기였다. 지금은 견종마다 브리딩을 하고 핸들러도 내가 직접 하여 강세였던 다양한 견종으로 경쟁한다. 프로 핸들러라는 전문직 업인이 생긴 시대이다.

진돗개 전성시대

1990년대 초반은 대구와 울산의 진돗개가 최고의 강세였던 시절이다. 울산 황갑선, 대구 서상희, 강종호, 대전 이진석, 김명덕, 장동수, 청주 한구동, 오원균, 장인식, 온양 최윤수, 광주 김양숙, 조남일, 정길수, 김인식, 노용근, 나주 최종화, 경북 이덕훈, 이종익, 최경모, 경기 박종화, 김기복, 안산 윤덕중, 서울 박상식, 이윤규, 황동일, 유병환, 부산 박민웅, 천안 임광천, 서산 이병준 이외에도 각 지역별로 진돗개 번식자가 많았다.

특히 전람회 진돗개 성견 암·수조 타이틀을 가지고 전람회에서 전쟁 아닌 전쟁을 치뤄야 했다. 성견수조 경쟁도 치열했고 성견수조가 발표되면 주먹다짐에 상패 던지기, 옷이 찢기는 것은 쉽게 볼 수 있었던 시절…. 지금 생각해 보면 전쟁통이 따로 없었다. 당일 성견수조 심사배정을 받은 심사위원은 석차를 내리고 나면 자리를 피해야 했다. 고함, 고성의 난투극이 벌어지던 시절…. 아직 기억하는 분들이 많으리라 생각한다. 그때만 하더라도 성견수조 챔피언 따는 것이 쉽지 않았던 시절이었고, 그만큼 자부심도 대단했다. 성견 암·수조 챔피언을 수상하면 전국에서 찾아와 강아지를 분양받으려고 줄을 섰다.

당시 나는 진돗개와 함께 저먼 셰퍼드에 많은 관심을 가지고 있었다. 훈련사 시절 공부할 수 있는 귀한 자료로 셰퍼드 군견 교범, 그리고 독일의 저먼 셰퍼드 표준서가 있었기 때문에 개를 이해하고 배우기에 좋았다. 반면 진돗개에 대한 체계적인 자료는 없어서 아쉬웠다. 전람회에 나갈 개를 이해하려면 품종학, 견체학, 골격구조 기능, 작업능력, 훈련학 등을 제대로 익혀야 했다. 그 당시는 저먼 셰퍼드 역시 전람회에서 진돗개 못지않은 경쟁 구도를 가지고 있었으며, 훈련사라면 훈련경기대회와 전람회 모든 대회에서 유명해져야 하기 때문이다.

수원에는 '진돗개' 하면 박종화 심사위원, '저먼 셰퍼드' 하면 주세중 선생님이 계셨기 때문에 나는 운 좋게 훌륭한 진돗개와 저먼 셰퍼드를 자연스럽게 접하고 공부할 수 있었다. 훈련경기대회와 도그쇼 핸들링을 통해 훈련사로서 유명해지고 싶어서 남들보다 많이 노력하고 열심히 준비했다. 이때만 하더라도 나는 햇병아리 핸들러 수준이었고 좋은 개를 만들 수 있는 정도의 베테랑은 아닌 초보 단계였다. 하지만 저먼 셰퍼드에 대한 공부가 나에게는 다양한 견종을 보고 이해하는 데 가장 큰 도움이 되었다.

유명해지기 위한 나의 노력

나는 훈련경기대회와 전람회 핸들러라는 목표를 정하고 이웅종이라는 훈련사를 알리기 위한 방법을 찾았다. 어찌 보면 아주 간단하다. 나를 평가해주고 이웅종을 알려줄 수 있는 사람들인 심사위원과 좋은 개를 가지고 있는 사람들을 많이 만나는 것이다. 지금처럼 인터넷과 SNS가 발달하고 휴대폰이 있었다면 조금 더 쉬웠겠지만 당시만 하더라도 일일이 직접 찾아봐야 했다. 전람회나 훈련경기대회에서 심사위원과 대화하거나 인사를 나누고 나를 알리는 것이 쉬운 일은 아니었다. 전람회 광고 책자를 보고 2년 계획을 세워 전국의 전람회 훈련소장, 심사위원, 유명견사, 챔피언 견주를 모두 찾아가면서 인사하는 것으로 시작했다.

첫째, 심사위원을 만나서 이웅종을 알린다.
둘째, 훈련소장님을 만나서 이웅종을 알린다.
셋째, 챔피언 견주를 만나서 이웅종을 알린다.
넷째, 유명한 번식자를 만나서 이웅종을 알린다.

이것은 나를 알리는 사전 작업인 셈이었다. 전국을 찾아다니면서 좋은 진돗개를 직접 눈으로 보고 장단점을 알고 진돗개에 대해서 배워 보고 싶다고 하면 심사위원 선생님은 환영해주고 좋아했다. 물론 심사위원들만 찾아간 것이 아니라 미성견, 성견 암·수조견 챔피언, 유명한 견주들을 찾아뵙는 것도 잊지 않았다. 특히 챔피언을 소유하고 있는 견주들은 개를 보러 간다면 대환영을 해주셨다. 자랑거리이기도 하며 챔피언 직자일 경우 종견 및 강아지 분양 가격은 타 견종보다 좋았기 때문이기도 하다. 이때는 지금과 다르게 전국 어디에 좋은 진돗개가 있다고 하면 아무리 멀어도 진돗개를 좋아하는 분들은 거리와 지역을 가리지 않고 발로 찾아다니던 시절이었다.

훈련사 생활을 하면서 쉬는 날은 한 달에 하루였다. 지금이야 52시간 근무다 뭐다 휴일을 보장하지만 그때는 그랬다. 쉬는 날이면 그렇게 전국을 돌아다닌 거다. 먼 곳은 저녁 훈련소 마무리를 하고 밤

기차를 타고 내려가 일찍부터 여러 사람을 만나고 올라오기도 했다. 시간이 부족했기 때문에 그 지역에 가면 여러 사람을 하루에 만날 스케줄을 잡고 내려갔다. 지금처럼 KTX가 있었다면 찾아가기는 쉬웠겠지만 새마을호, 무궁화, 고속버스 등 대중교통을 이용하여 경상도, 전라도, 충청도, 경기도, 서울 애완동물보호협회, 한국애견협회, 축견연합회 심사위원들과 훈련소 그리고 진돗개 한국 챔피언들을 직접 보려고 찾아갔다. 내가 한 일은 간단했다.

"안녕하세요. 저는 수원이삭애견훈련소 훈련사 이웅종입니다. 개를 배우고 싶어서 찾아왔습니다. 잘 부탁드립니다."

좋은 개를 눈으로 보고 어떤 점이 뛰어나고 부족한지 또는 번식은 어떻게 해야 하는지 이것저것 여쭤보았다. 사실 하루 가서 개를 배운다는 것은 쉬운 일이 아니다. 몇 년을 해도 이해할 수 있을까? 번식을 하고 핸들링을 하면서 좋은 개를 많이 접해봐야 개를 이해할 수 있겠지만 나의 목적은 간단했다. 챔피언 견들의 특징을 알고 좋은 모습이나 전문가들이 추구하는 성향들을 알고 싶었다. 더 중요한 목적은 이웅종이라는 이름 석 자를 각인시키는 일이었다.

그렇게 세월이 지나면서 어느 정도의 인맥이 쌓이기 시작했다. 지금도 그렇겠지만 전람회에는 전국에서 한자리로 모이기 때문에 전국을 돌며 찾아다니던 분들을 한자리에서 만나기 쉬운 장소였다. 전람회나 훈련대회장에서 찾아뵈었던 분을 만나면 무조건 먼저 달려가서 인사했다. 그리고 안부를 전하는 것도 잊지 않았다. 웃으면서 인사하는 사람을 누가 싫어하겠는가. 훈련사라는 직업뿐만이 아니라 누구나 어떤 일을 하든 살아가면서 열심히 하고자 하고, 예의 바르게 행동하면 싫어할 사람이 없다. 사람들과 교류하고, 업계에서 인맥을 넓혀가는 것이 사람이 살아가는 방법 중 하나라고 믿었다.

그러나 여기서 가장 중요한 것을 잊어서는 안 된다. 자기의 실력이 우선으로 받쳐줘야 한다는 점이다. 업계에서 인정받으려면 정말 그 일을 열심히 해야 하고, 훈련사라면 좋은 개를 사람들에게 선보여야 한다. 유명해지는 것은 인사 잘 한다고 되는 것도 아니고, 누가 이야기해준다고 되는 것이 아니라 결과를 보여 줘야 하기 때문이다.

첫째, 심사위원에게 좋은 개와 핸들링 기술을 선보여야 한다.
둘째, 늘 열심히 하는 모습과 당당함을 보여야 한다.
셋째, 핸들러들과 경쟁으로 떳떳하게 승부를 가려야 한다.
넷째, 자기 기술과 개에 대한 열정을 보여야 한다.
다섯째, 석차가 결정되는 순간 결과에 승복해야 한다.
여섯째, 심사위원을 존경하며, 예의 바르게 행동해야 한다.
일곱째, 결과가 아쉬우면 남들보다 두세 배 더 열심히 준비해야
　　　한다.

심사위원에게 자신을 어필할 때 부끄럽지 않아야 한다는 것을 말해주고 싶다. 경쟁이라는 것은 순위가 반드시 정해져 있다. 항상

1등 하는 사람이 1등만 하는 것이 아니고 꼴찌가 항상 꼴찌 하는 것이 아니다. 핸들러로서 발전하고 전람회 우승견을 뛰어넘기 위해서는 우승견을 인정할 줄 알아야 한다. 내가 핸들링 한 개가 좋은데도 떨어지면 내가 부족해서 떨어졌다고 생각하면 된다. 내가 잘했는데 떨어지면 나보다 우승견 핸들러가 더 잘해서 결과에 미치지 못한 탓을 하면 간단하다. 결과는 더더욱 노력하면 좋아진다. 나도 사람이고 심사위원도 사람이다. 그렇기 때문에 그들이 내가 노력한 만큼 나를 기억해 주고 좋은 평가를 통해 나를 유명하게 만들어 줄 것이라는 믿음을 갖고 본업에 충실하면 된다.

무의식 경쟁 속의 라이벌

예전에는 전람회 핸들러 하면 셰퍼드는 누구, 진돗개는 누구… 그런 식으로 손을 꼽을 수가 있었다. 세월이 지나 지금은 도그쇼에서의 프로 핸들러는 견종마다 경쟁 구도를 갖추고 있다면 예전에는 훈련소 소장들이 주가 되었다. 잘나가는 핸들러는 좋은 개를 만날 기회가 많지만 알려지지 않은 훈련사에게 그런 기회는 흔치 않았다.

챔피언을 만들기 위해서는 1~2년 장기교육 훈련이 필요하다. 긴 시간을 투자해 주는 견주를 만나지 못하면 전람회나 훈련경기대회에 나갈 기회도 줄어들었다. 훈련소 소속의 개를 데리고 출품하기도 넉넉하지 못했기 때문이다. 그래서 유명한 핸들러가 되어야 했다.

좋은 개와 장기적으로 투자해줄 수 있는 견주를 만날 확률이 높아지기 때문이다.

심사위원도 사람의 얼굴을 기억한다. 유명한 핸들러가 출품하는 개들은 무시할 수 없고 한 번 더 봐주기 때문이다. 그래서 나는 관심을 끌기 위한 선택을 했다. 그것은 라이벌 정하기이다. 스스로 경쟁자라는 의식을 갖도록 만드는 순간 나를 조금씩 인정해줄 것이기 때문이다. 진돗개 핸들링을 대표했던 사람들은 좋은 개를 많이 데리고 전람회에 나왔다. 지금 이야기하지만 내가 라이벌이라고 말하면 당시 그분들은 웃었을 것이다. 이웅종이라는 친구가 라이벌이라는 생각을 안 할 수도 있다. 나만의 생각일 수 있겠지만 은연중 나를 의식하게 만들려고 노력했다.

나는 매년 첫 전람회 출진견을 분석했다. 무슨 조에 어떠한 개가 참가하는지 기록하면 각 협회마다 1년 동안 경쟁 구도가 나온다. 물론 생각하지 않던 개들도 나오겠지만 그래도 내가 경쟁할 사람들의 분석이 되어야 나도 준비할 수 있기 때문이다. 나의 첫 도전은 1등을 하면 좋았겠지만 1등은 아니었다. 수원이삭훈련소는 타 지역에 비해서 출진견은 많았지만 챔피언 하기가 쉽지 않았다. 그래서 선택한 것이 조마다의 출진이다. 그리고 같은 조 유명한 핸들러와의 경쟁이 목적이었다. 심사위원에게도 얼굴을 알리는 것이다. 한두 번 함께 링 안에서 경쟁하다 보면 우승자의 여유로 방심하지 않을까? 그리고 심사위원도 내가 석차에서 늘 밀리면 미안하거나 조금 신경이 쓰이지 않을까? 그분들이 어떠한 생각을 할지 모르겠지만 '수고했어'라는 말을 듣는 순간 나는 출진의 목적을 달성한 것이다.

애견단체와 진돗개

애완동물보호협회, 애견협회, 축견연합회, 진돗개협회, 국견협회….
진돗개를 배우고 각 협회에서 개최하는 전람회에 참여하면서 진돗
개 기준점에 대한 딜레마에 빠지기 시작했다. 협회마다 진돗개 표준
서는 거의 비슷하게 정해져 있지만 스타일은 제각기 다르다는 사실
때문이었다. 전람회 출품을 하면서 개들도 따로 준비를 해야 하는 것
이 나에게는 혼란스러워졌다. 심사위원에 따라서도 추구하는 것의
차이가 있고 협회에 따라서도 다르다 보니 내가 생각하는 진도견 표
준으로 기준을 잡아가는 것이 중요한 부분이라고 생각했다.

　심사위원, 유명한 견사, 핸들러, 챔피언 견주…. 전국을 찾아다녔
지만 하나같이 다른 개를 인정해주기보다 자기가 소유한 개가 그저
최고라고 말했다. 자신의 개보다 좋은 개는 없다. 저 개는 뭐가 문제
다, 자견이 안 나온다, 심사위원과 짜고 1등 했다, 내가 좋아하는 스타
일이 아니다 등 사람들마다 뒷말이 다양했다. 개를 평가하거나 평가
받는 일이 간단한 일이 아니라는 생각이 들었다.

　당시 진돗개 전람회 중에 손꼽히는 곳은 애완동물보호협회가
1순위, 애견협회 2순위, 3순위는 축견연합회 전람회였다. 가는 곳마
다 심사위원이 추구하는 개를 찾아야 했고 협회마다 추구하는 표준

을 찾아야 했다. 각 협회의 진돗개 견종 표준서는 거의 비슷하나 진돗
개를 평가하는 기준은 협회마다 유난히 심한 차이가 났다. 그럼 내가
추구하는 이상적인 진돗개 상을 정립하는 것이 우선이라는 생각이
들었다. 그래서 참여할 협회와 나가지 말아야 하는 협회를 먼저 구분
하여 세 곳에만 출진했다. 지금은 한국애견연맹 한 곳만 다닌다.

FCI 국제 인터내셔널 도그쇼 수상 장면

2장

나와 진돗개

1. 진돗개의 고향을 찾다

이삭애견훈련소 견습생 이웅종으로 돌아가보자. 훈련소에 입소하는 개들의 70% 가까이가 진돗개였다. 자연스럽게 진돗개에 대한 관심이 높아질 수밖에 없었다. 당시만 하더라도 (사)한국애완동물보호협회 전람회가 열리면 진돗개 출진
비중이 80% 이상 차지하였으며 다른 품종은 기타 견종이라고 표현할 정도로 출진견 자체가 적었다. 진돗개의 가치가 그만큼 높았던 시절이었다. 많은 분들이 진도를 직접 찾아 진돗개를 분양받아야 순종견을 기를 수 있다고 했지만 전람회를 다니던 진돗개 마니아들은 오히려 육지에서 골라야 좋은 진돗개를 만날 수 있다고 했다. 처음에는 그 말을 이해 못했지만 진도군을 직접 다녀오니 조금은 이해할 수 있을 것 같다. 물론 지금은 달라졌을 수도 있겠지만 말이다.

1992년 가을, 전남 진도군 군내면 진도대교를 건너면 진돗개의 고향인 진도군 군내면 녹진리가 나온다. 처음 훈련사가 되어 진돗개에 대해 본격적으로 관심을 갖기 시작할 때 휴가를 얻어 3박 4일 일정으로 진도에 갔다. 곽문용, 김두성 선배와 함께 설렘 반 기대 반으로 진도를 보기 위해 여행을 떠났다. 곽 선배는 진돗개를 데리고 야간사냥을 하던 분이고 김두성 선배는 이삭훈련소 직속 선배다. 지금은 진도 가기가 그나마 수월하지만 그때만 하더라도 도로 사정이 좋지 않아 수원에서 10시간 정도 걸려서 진도에 도착했다. 정말 멀고 찾아가기가 쉽지 않았다. 해남의 끝에 진도대교가 나오고, 진도대교에서는 진돗개 동상이 우리를 맞이해주었다. 참고로 진도에서는 진돗개를 '진도개'라고 부른다. 정말로 가슴이 벅차오르는 순간이었다. 늦은 밤에 도착해서 진도대교 건너자마자 하루 숙박을 하고 다음 날부터 일정을 시작하기로 했다. 훈련사가 되어서 이렇게 대한민국을 대표하는 진돗개를 보러 진도까지 오다니 문득 촌놈 출세했다는 생각이 들었다. 사실 진도가 내가 사는 곳보다 더 촌이기는 하지만….

다음 날 하루 일과를 시작해 출발하는데 초입부터 진돗개 강아지 분양 간판이 한눈에 들어오기 시작했다. 순종견을 만나려면 진도의 고장에서 진도 강아지를 분양받아야 한다고 믿는 이들이 육지 사람들이라고 했다. 진도에 가니 견사가 생각보다 많이 있었다. 가는 곳마다 진돗개 분양 표지판이 많았고, 가는 길에 마주친 견사마다 다 들렀다. 견사 주인은 자신이 기르는 진돗개에 대한 자부심을 가지고 있었고, 서울 사람이 찾아오니까 친절하게 안내해주셨다. 물론 진도에 가기 전, 꼭 들러야 한다는 곳도 있었고, 유명한 진도 현지의 심사위원도 소개받아서 직접 찾아가기도 했다.

직접 진도에 가서 진돗개의 특징과 특성 그리고 환경, 진도라는 고장에서 진돗개의 일상에 대해 이야기를 들었지만 알면 알수록 좋은 진돗개에 대한 기준점을 찾기가 힘들어졌다. 가는 곳마다 이야기를 듣는 내내 이해가 안 갔다. 소개받은 심사위원을 만나고, 진도 현지의 견사를 몇 곳 둘러보며 내 머리는 더욱 복잡해졌다. 당시에 느낀 당혹스러움을 어떻게 표현해야 할지 모르겠다. 출구가 없는 미로 속을 계속 걷는 기분이랄까. 견사마다 개들의 스타일은 너무 달랐다. 무엇보다 한 견사에서도 진돗개의 생김새가 제각각 다르다는 것이 이상했다. 그런데 그도 그럴 만한 것이, 진도를 돌아다니다 보니까 짝짓기 하는 개들을 보는 것이 어렵지 않았다. 유명 견사도 마찬가지였다. 진도의 표준이 무엇인지 더욱 알 길이 없었다. 진돗개가 어떻게 생겨야 하는지가 중요한 것이 아니라 사냥은 어떤 개가 잘하는지가 우선이었기 때문이다. 이것이 진도의 현실인가…. 조금 답답할 정도였다.

진도군에서 운영하는 연구소도 방문했다. 거기에는 진도 현지에서 선별한 진돗개들이 모여 있었다. 그나마 연구소는 체계적인 관리를 하고 있어서인지 거기에서 만난 진돗개들은 육지 전람회에서 보는 스타일과도 비슷한 개들이 있었다. 육지에서 들은 이야기가 생각났다. 진도에서 좋은 진돗개를 만나기 쉽지 않을 것이라는 말들, 그제야 이해가 된 것이다. 육지에서 전람회 출전을 위해 관리받는 진돗개들은 소고기와 계란, 닭고기 등을 먹고 운동을 시키는 등 체계적인 관리를 하고, 영양가 높은 사료를 주기 위해 나름대로 신경 쓰지만 진도 현지는 그렇지 못하다는 것을 이해할 수 있었다.

　진도의 현지 심사위원도 전람회 목적보다는 사냥 능력을 우선한 이야기를 많이 하였고 기능적인 능력과 진돗개가 가지고 있는 습성, 본능에 가까운 순수함 그 자체를 보고 좋은 개를 판단하고 추구했던 것이다. 무엇이 옳고 나쁘다는 말은 아니다. 분위기가 그렇게 달랐다는 의미다. 육지에서 전람회는 기능적인 기질도 중요했지만 진돗개의 미적·쇼적·기능적 능력을 우선순위로 관리했기 때문에 누구의 진돗개가 좋다고 이야기하고 판단을 내리는 것은 의미가 없었던 것 같다.

　진도 여행 덕분에 나는 아주 많은 생각과 변화의 계기를 얻었다. 육지의 협회 전람회도 마찬가지인 것 같았다. 협회가 살아남기 위해서는 개의 본질에서 벗어나지 않고 협회가 추구하는 방식이 그대로 심사기준이 되어야 한다는 것이다. 결론은 진도의 여행을 다녀와서 견종표준에 가까운 이상적인 개를 만들고 평가받는 것이 중요하다는 생각이 들었으며, 그 기준점은 애완동물보호협회의 기준을 방향으로 삼아서 내가 추구하는 진돗개를 브리딩 하는 방법을 찾아 번식과 브리딩을 하면 된다는 생각을 하게 되는 계기였다.

2. 브리더와 혈통 관리

진도에서 진행한 핸들러 교육

나는 견습생에서 유명 훈련사로 그리고 세월이 흘러 한국애견연맹 진돗개 심사위원, 프로 핸들러, 세계애견연맹(FCI) 전 견종 심사위원이 되었다. 2000년도 중반, 진도를 다시 찾았다. 이번에는 훈련사가 아닌 정식으로 초대받은 전문가 심사위원 자격으로 진도를 찾은 것이다. 진도군 심사위원 교육과정 3개월, 진돗개 핸들러 교육 3개월…. 그렇게 총 6개월 동안 매주 진돗개의 고향에서 진도의 심사위원 교육과 핸들링 교육을 진행하였다. 나에게는 정말 영광스러운 자리였다.

현지의 진돗개 심사위원들 앞에서 교육하는 것이 그 당시는 쉬운 일은 아니었다. 왜냐면 전문가 중의 전문가인 진도의 심사위원들 앞에서 진돗개가 이렇다 저렇다 하기란 보통 어려운 일이 아니었다. 그래도 최선을 다해서 세계에 우뚝 서려면 육지에서 필요한, 아니 세계애견연맹 등 세계인에게 진돗개를 알리기 위한 교육이 필요하다는 인식을 알려줄 의무가 있었다.

그때 처음으로 심사위원 교육을 할 당시의 에피소드가 많다. 진도의 심사위원들은 육지에서 젊은 놈이 와서 진돗개에 대해 이야기하면 '네가 진돗개를 알어?' 이렇게 생각할 수밖에 없을 것이다. 한 번, 두 번 교육을 하고 진도 사람들과 가까워지다 보니 서서히 그분들도 마음의 문을 열기 시작하고 나를 반겨 주셨다. 그래서 더 열심히 강의 준비를 하고 교육을 진행하였다.

교육을 진행할수록 미리 내려와라, 끝나고 자고 가라 하시며 가족처럼 대해 주셨다. 그러면서 나도 진돗개 이야기를 듣기 시작했다. 진도 진돗개의 일상, 생활 속의 진돗개, 견종 표준 스탠다드가 아닌 진도섬에서의 살아 있는 진돗개 이야기였다. 그동안 진돗개에 대해 생각하지 못했던 부분을 오히려 현지의 심사위원분들을 통해서 더 알아가는 계기가 되었다. 견종 표준에 대한 지식과 기술은 내가 더 알 수도 있겠지만 우리나라 진돗개의 역사와 현지에서 바라보는 진돗개의 멋이 무엇인지를 이해하게 되었다. 육지에서 바라보는 진돗개를 가지고 평가한다면 분명히 다를 것이다. 진도의 진돗개, 육지의 진돗개 모두 우리가 지켜야 할 소중한 유산이라는 생각이 들었다.

당시 각 협회에서 개최되는 진돗개 성견 챔피언 수상견을 보면 어떤 개는 마음에 들고 어떤 개는 챔피언을 하였다 하더라도 마음에 들지 않는 경우가 많았다. 사람마다 추구하는 스타일과 보는 눈이 다르기 때문이라는 것이다.

1990~2000년대 각 협회에서 심사를 진행하던 심사위원은 한국애견연맹 박종화, 최윤수, 박상식, 최찬철, 오원균, 한구동, 최정훈, 황동일, 이제덕, 김수봉, 유병환, 김종철, 최정훈 선생님이 계셨고, 애견협회는 장인식, 김종현, 오병용, 금점수, 최강일, 윤일섭 심사위원이 계셨다. 축견연합회 심사위원들도 평가에 있어서 차이가 났다. 심사가 잘못된 것이 절대 아니라는 말을 꼭 하고 싶다. 기준이 다를 뿐이었다. 진도군의 심사위원마다 개를 보는 스타일이 달랐듯이 육지의 진돗개의 성상 표현과 진도군에서의 진돗개의 성상 표현도 다양한 차이가 있었다.

특히 진도에서는 유명한 심사위원이 말하듯 사냥하는 진돗개들을 중요시하다 보니 전람회에서 요구하는 스타일하고는 전혀 다른 기준으로 심사했다. 육지의 심사위원도 심사위원마다 계보가 있고 심사기준이 되는 표준이 제각각 있었던 것이다. 진돗개를 심사하더라도 이상적인 개를 출품하는 것도 나의 역할이었다. 심사위원 누구나가 인정할 수 있는 개를 만들어 가는 길이 중요했으며, 심사위원이 좋아하는 유형의 개로 전람회를 출품하는 것도 나의 능력이라고 생각하며, 그러기 위해서는 좋은 상을 받기 위한 준비를 하는 것이 필요했다. 아무리 내가 보았을 때 최고의 개라고 자부할 수 있어도 전람회 출품견을 심사하고 평가하는 것은 내가 아니라 심사위원이기 때문이다. 그래서 당시 나는 표준서를 기준으로 삼아 이상적인 진돗개로 나만의 방식대로 전람회를 준비했다.

진돗개 번식에 눈뜨다

앞서 언급했듯이 나는 애완동물보호협회(지금의 한국애견연맹) 전람회를 1순위로 삼았다. 한국애견연맹이 세계애견연맹 가맹 단체이기 때문이다. 그렇기 때문에 한국애견연맹 견종 표준서를 보고 가장 이상적인 번식 기준을 따라야 한다고 생각했다. 무엇보다도 다른 협회에서 챔피언 타이틀을 얻는 것보다 한국애견연맹에서 챔피언을 수상해야 진돗개 챔피언으로 인정받고, 세계로 진출하는 길이 열렸다. 나 역시 한국애견연맹에서 추구하는 진돗개를 표준으로 잡고 가장 적합한 진돗개를 번식하기로 결정하고 번식을 시작하였다. 한국애견연맹 진돗개 표준서가 대한민국을 대표하는 공식적인 스탠다드가 된다고 믿었다. 당시 한국애견연맹은 세계애견연맹과 도그쇼 상력과 혈통서를 공유하고 있었다.

  나는 저먼 셰퍼드 번식에 관심을 가져왔는데, 저먼 셰퍼드는 오랜 시간 전 세계적으로 혈통이 고정되어 왔다. 매년 열리는 저먼 셰퍼드 지거쇼는 세계 셰퍼드 마니아를 하나로 만드는 축제이다. 저먼 셰퍼드 혈통서 또한 SV, WUSV 등 전 세계적으로 하나로 혈통을 관리하며 매년 지거쇼 대회를 개최하고 있다. VA, V 챔피언 클래스 등급으로 올라가면 번식의 가치는 그만큼 높이 인정해주고 있다. 저먼 셰퍼드의 혈통은 세계 어느 나라에서 보더라도 혈통 고정과 관리가 잘 이루어지고 있기 때문에 세계적으로 더욱 가치 있는 견종으로 인정받고 있는 것이다.

하지만 진돗개는 그렇지 못하다. 제일 큰 문제는 혈통이 불분명하다는 점이다. 부모견에 대한 내력은 알 수 있지만 문제는 혈통서 발행에서부터 많다. 진돗개의 뿌리는 대한민국 진도이다. 하지만 긴 세월 동안 혈통 관리가 제대로 되지 않았고, 단독견(신혈)이 많고 협회마다 혈통 관리의 취약점이 많아서 문제다. 일본의 시바견도 예전에 그랬다. 시바견협회도 마찬가지로 어려움을 겪었다. 혈통서를 발행하는 협회가 많아지면서 관리가 어려웠지만 지금은 JKC일본켄넬클럽과 시바견 보존회가 공유를 통해 국제공인혈통서를 발행하고 있다. 우리나라도 혈통서 관리를 체계적으로 할 필요가 있으며, 이때 브리더의 역할이 매우 중요하다.

진돗개의 발전을 위해서 각 협회가 도그쇼는 따로 진행하더라도 혈통서만큼은 한곳에서 체계적으로 관리한다면 진돗개 또한 우수한 혈통 관리를 통해 세계 어느 나라에 내놓아도 손색이 없을 것이다. 누구의 문제라고 꼬집어서 말하긴 어렵다. 연맹, 진돗개 관련 협회, 브리더, 수많은 관계자들…. 지금이라도 모두 반성하고 이제부터라도 관심을 가져야 한다. 진돗개의 가치를 높이기 위해서 반드시 필요한 일이다. 브리더는 혈통을 무시하기보다 후세대에 좋은 진돗개를 물려줄 수 있도록 사명감을 다시 한 번 가지면 좋겠다. 오늘날 각 협회마다 얼마나 혈통 관리를 잘하고 있는지 한번 되돌아보는 시간을 가져 보자.

진돗개 혈통서 관리의 중요성

우리나라에 진돗개 관련 단체와 혈통서를 발급하는 곳이 7~10곳 가까이 된다. 혈통 관리를 한다는 것은 진돗개 발전을 위해 4대 이상 혈통을 관리한다는 말이다. 4대가 이어지려면 보통 10년이라는 시간이 필요하다.

진돗개는 이제 한국의 진돗개가 아니라 세계의 진돗개가 되어야 한다. 특히 요즘은 AKC 미국 켄넬클럽, KC 영국 켄넬클럽, 폴란드 켄넬클럽 등 수많은 세계애견연맹 가입 단체들이 진돗개에 대해 공유하며, 많은 관심을 보이고 있다. 하지만 혈통서가 문제다. FCI 세계애견연맹의 회원국은 94개국이며 한국도 한국애견연맹이 대표 단체로 가입해 있으나 세계적으로 인정받으려면 공식적인 혈통서가 필요하다.

지금 일하는 핸들러와 브리더들은 지금부터라도 혈통의 중요성을 이해하고 한국애견연맹에 진돗개 혈통 등록을 하기를 권장한다. 번식이란 혈통이 미치는 영향이 매우 크기 때문에 혈통 관리가 가장 우선순위가 되어야 한다. 현재의 혈통서는 한 혈통서에 평균 3개 협회 이상의 혈통서가 들어 있어 문제가 크다는 것이다. 번식시키는 브리더는 타 협회 전람회를 뛰지 말라는 것이 아니라 도그쇼에 출진하더라도 혈통서만큼은 FCI 가맹 단체인 한국애견연맹의 혈통서를 준비하는 것이 중요하다. 언젠가 세계 시장에 진출하기 위해서는 국제 공인 혈통서가 반드시 필요하기 때문이다. 그것이 우리가 앞으로 새롭게 이 일을 시작할 브리더와 핸들러들에게 남겨줄 수 있는 자산이다. 혈통의 중요성을 모르거나 당장 혈통서 비용 몇만 원을 아끼려다가 10년이라는 시간을 허비할 수도 있다는 사실을 명심하기 바란다.

빠르게 좋은 견사를 만드는 방법

세계적으로 보면 저먼 셰퍼드 시장이 제일 크다. 견종 표준에 대해 이해하고 공부할 때 셰퍼드를 알지 못하면 다른 견종을 이해하기 어렵다. 그래서 나도 셰퍼드 표준서를 가지고 공부하면서 해부학적 기능과 기질적 능력, 신체구조의 중요성 등을 먼저 익힌 뒤 셰퍼드 도그쇼를 준비했고 국내 산조 성견 챔피언을 만들었다. 진돗개 또한 짧은 시간 공부하고 몰입하여 성견 암·수조를 만들고 번식을 통해 다시 성견 암·수조 타이틀을 획득하였다.

 번식에 성공하고 좋은 자견을 배출하기 위해서는 경험이 중요하다. 하지만 더욱 중요한 것은 좋은 종의 모견을 만나는 것이다. 나는 강아지를 입양받아 성견이 되기까지 관리하여 다시 번식시킨 것이 아니다. 혈통 고정이 잘되어 있는, 바로 번식이 가능한 모견을 선택해 번식을 통해 좋은 강아지를 선별하여 직접 관리했다. 이후 전람회에 출진하여 빠른 시간에 명문 견사로 발전시켰다. 좋은 개를 번식시키고 관리하면 보는 눈이 높아지고, 좋은 개를 만남으로써 브리더 또한 기술적으로 성장할 것이다.

번식은 말처럼 쉽지는 않다. 그래서 시간을 단축하고 나의 이름으로 된 견사를 알리려면 노하우가 필요하다. 강아지를 분양받아 좋은 개로 성장시키는 것은 더더욱 보장받기가 어렵다. 한두 마리로 승부가 나는 것이 아니기 때문이기도 하며, 강아지가 성견이 되기까지 2년이라는 시간을 다시 기다려야 하기 때문이다. 혈통이 좋다 하더라도 성장하면서 많은 변화를 통해 생각처럼 좋은 개로 키워내기란 확률적으로 가능성이 낮다. 그래서 전문 견사, 전문 브리더, 핸들러가 되려면 따로 공부하고, 노하우를 배워야 한다.

첫째, 강아지보다 생후 1년이 넘은 암컷에게 투자한다.
둘째, 나이가 들어도 좋은 자견을 배출한 모견을 찾는다.
셋째, 3대 이상 혈통 고정이 되어 있는 모견을 선택한다.
넷째, 좋은 자견은 분양하지 말고 직접 관리한다.
다섯째, 좋은 번식을 원한다면 좋은 자견을 배출하는 모견은 분양하지 않는다.
여섯째, 상력도 중요하지만 우선 좋은 자견을 배출할 수 있는 모견을 찾는 것이 우선되어야 한다.
일곱째, 암수를 불문하고 형과 동생 중 전람회 챔피언이 있는지 알아본다.

여덟째, 나이가 들어도 유명하거나 종견으로 가치 있는 종견 모견을 선택한다.

아홉째, 챔피언견을 선정할 때 신혈인지를 살펴본다. (예: 진도 산 단독견)

열째, 번식에 성장하기까지 관찰하는 습관을 갖는다.

이러한 노하우와 번식의 원리를 이해하고 번식을 준비한다면 분명 실패는 줄어들 것이다. 번식의 원리를 알면 번식은 좀 더 수월해지고 좋은 혈통을 이어받은 개들은 유전 또한 우수하다는 것을 깨우치게 된다. 처음 시작하는 브리더들은 모견의 중요성을 꼭 기억하기 바란다.

1993년, 진돗개 번식의 시작

다시 내 이야기로 돌아가서, 진돗개의 번식에 대한 관심은 1990년도 초반으로 거슬러 올라간다. 수원에 박종화 심사부장님이 계셨다. 정 심사위원이 되기 위해서는 정 심사위원, 보조 심사위원, 부 심사위원을 잘 모셔야 했다. 그 당시 이인호, 이병억 前 애견연맹 부총재 두 분이 박종화 심사위원과 함께 심사위원 과정을 밟기 위해서 전국의 전람회를 함께 다니던 시절이다.

나도 마찬가지로 핸들링을 하기 위해 전람회를 따라다니면서 어깨 너머로 진돗개를 보는 방법을 보고, 내 나름대로 핸들링을 하면서 진돗개 선별을 위해 내가 추구하는 진돗개의 스타일을 찾아가고 있었다. 그때 박종화 부장님을 모셨으면 더 빨리 자리를 잡지 않았을까 하는 생각도 있었지만 수원지부에서 선호하는 관점과 내가 추구하는 진돗개는 조금 달랐다. 무엇보다 나는 훈련사 시절이었기 때문에 함께하기에는 너무나 어려운 분들이었다고 이야기하는 것이 조금 더 현실적이다.

진돗개를 데리고 전람회를 다니다 보니 묘한 매력에 빠지기 시작했다. 경쟁심이 생겨나고 진돗개에 대한 관심이 더 커진 것이다. 전람회를 가더라도 진돗개를 알아야 핸들러로서도 인정받게 된다는 것을 알았다. 지금이야 도그쇼에서 모든 견종이 인기가 있지만 이때만 하더라도 진돗개 핸들러가 아니면 애완동물보호협회에서는 인정해주지 않았기 때문에 자연스럽게 진돗개에 대한 욕심이 생기고 번식의 꿈도 갖게 되었다.

주말에 훈련소에 모이면 핸들링과 개를 보는 방법에 대한 토론을 하고, 가끔은 누가 잘 싸우는지 살짝 견주기도 했다. 박종화 부장님과 지부 회원들이 주말이 되면 자주 오셨는데, 항상 넉넉하게 돼지고기를 사오셔서 일부는 진돗개에게 주고 나머지는 훈련사들 먹으라고 주시곤 했다. 진돗개 덕분에 우리가 주말이면 돼지고기 파티를 하던 것이 추억으로 남았다.

진돗개 번식 이야기에 이분을 빼놓을 수 없다. 왜관 관호 사슴농장 이종익 사장님이다. 그분은 왜관에서 사슴농장을 하면서 진돗개 번식을 함께 하고 있었다. 내가 좋아하는 모습의 진돗개였기 때문에 개인적으로 관심이 많았다. 그리고 그분의 고향이 내가 사는 전의면 바로 옆인 전동면이라서 더 빨리 가까워졌다. 이종익 사장님이 기르던 암컷 진돗개 대순, 그 개가 너무 좋아 대순이를 보러 사슴농장에 내려가곤 했는데 너무 좋아하다 보니 어느 날 사장님이 나에게 번식을 시켜보겠느냐고 하시며 나에게 선뜻 대순이를 선물로 주셨다. 이것이 어찌 보면 진돗개 번식을 하는 시발점이 되었던 것이다. 돈이 없어 살 능력은 안 되었는데 너무도 큰 선물을 받았다.

그렇게 나는 나의 진돗개를 데리고 전람회에 나가기 시작했다. 대순이는 첫 대회에서 유견암조 3개 협회 챔피언을 차지했다. 내가 선택하고 훈련시킨 개가 각 협회 대회마다 우승하니 더욱 기쁠 수밖에 없었다. 내가 보는 눈이 틀리지 않았다는 믿음이 확신이 되어 더더욱 기뻤다. 이종익 사장님 덕분에 당시 주변에 계신 이광진 사장님과 이덕훈 심사위원 등 많은 분들을 만나게 됐고, 바로 옆에는 셰퍼드의 대가이신 왜관 애견훈련소 이상호 소장님이 계셨는데 셰퍼드와 진돗개에 대해 함께 토론하고 배우는 데 큰 도움을 받았다.

내가 추구하는 진돗개

전국을 다니면서 진돗개를 보고, 조언을 구하며 여러 가지를 느꼈다.

우선 심사위원들의 취향도 다르고 챔피언 견들도 심사위원에 따라 달라졌다. 성견 수조 1석 챔피언은 최고의 타이틀이지만 분명히 누가 심사하는가에 따라 결과가 달랐다. 애견연맹, 애견협회, 축견연합회 심사도 마찬가지다. 좋은 개의 석차가 확 바뀌는 것은 아니지만 결국은 심사위원 취향이 작용한다는 것을 알게 되었고, 그래서 나는 누가 보더라도 최고는 아니더라도 참 좋은 개라는 소리를 듣는 개들을 길러내고 싶었다.

사실 이 당시만 하더라도 성견 챔피언은 개만 좋아서 되는 것이 아니라 다른 여러 힘도 있어야 했다. 그래서 나는 나름대로 나만의 원칙을 정하고 가장 이상적인 나만의 진돗개를 만들어 보고 싶었고, 내가 원하는 스타일을 찾아가는 것으로 진돗개의 번식을 시작했던 것이다. 번식을 시키다 보면 경험이 쌓이게 되고, 새끼를 낳아 분양하여 돈을 버는 것에 목적을 가져서는 안 된다는 것을 서서히 알아가기 시작했다. 결국 강아지가 노령견이 되어 죽는 순간까지 이 개는 누구 혈통의 새끼다, 누구에게 분양을 받았다는 말을 들을 것이다. 전문가라고 하면 그만큼 자기 이름에 대한 책임이 뒤따라야 한다.

나의 견사, 나의 이름을 걸고 번식을 시키다 보니 돈이 우선이 아니고 뛰어난 진돗개 자견을 배출하고 건강하고 좋은 개로 성장할 수 있게 책임감을 갖는 것이 더욱 중요했다. 명문 견사가 되면 자동으로 돈은 따라온다. 번식을 통해 돈보다 명예를 선택한다면 번식의 가치는 더욱 높아진다. 이제 내가 생각하는 이상적인 진돗개의 모습에 대해 정리해보겠다. 이는 결국 번식시킬 때 부모견을 찾는 기준이기도 하다.

① 성상 표현이다

성상 표현은 개의 본질에서 벗어나서는 안 되는 가장 중요한 요소이다. 주둥이가 짧고 두상이 큰 개와 큰 얼굴, 주둥이가 길어 머리가 좁은 얼굴(여우상)은 배제시킨다. 얼굴은 너무 크거나 작지 않은 성상이면서, 진돗개의 얼굴 표현은 뚜렷하게 나와야 한다. 성상은 한눈에 보았을 때 기품이 있고 귀티가 나야 하며, 고유의 본질을 퇴화시켜서는 안 된다. 성징, 성상 표현은 뚜렷해야 한다. 수컷과 암컷은 얼굴에서부터 구분이 명확하게 된다.

② 사지 구성이다

개의 체형이 바르다는 것은 밸런스가 맞다는 말이다. 특히 진돗개 머리에서 등선, 미근부까지 이루는 등선 라인이 반듯해야 한다. 또한 사지 구성 각도가 잘 맞아야 한다. 사지 구성이 바르다는 것은 운동 관리와 무관하게 타고난 신체적 밸런스가 뛰어나다는 뜻이며 상보와 속보 시에도 흔들림이 적고, 서 있을 때의 모습도 당당하다.

③ 꼬리 위치다

꼬리의 위치에 따라서 후구의 움직임과 뒷다리 각도가 달라지고 움직임에도 많은 변화가 생긴다. 특히 미근부 경사 각도에 따라 꼬리 위치가 달라진다. 꼬리 위치가 중요한 이유는 해부학적으로 골격 각도의 변화를 가져오므로 후구의 위치가 신체 밸런스에 미치는 영향이 매우 크기 때문이다.

④ 모색이다

진돗개 번식자들 중에 모색에 대해서 신경을 쓰지 않는 번식자가 많다. 하지만 나는 종모견의 모색을 중요하게 생각한다. 황구에 이백성이 넓게 퍼지거나 흰 반점이 나타나는 경우, 백구는 미색에 가까운 아이보리 색소인 경우, 블랙탄은 황갈색 탄이 얼굴이나 가슴, 다리에 넓게 퍼져 있는 경우, 흑구는 흰 반점이 발과 가슴에 넓게 나타나는 경우, 재구는 검은 모색이 많은 경우, 브린들은 호피 모양이 전체적으로 조화롭지 않고 조잡한 경우에는 번식을 장려하지 않는다.

⑤ 전후구의 발달과 흉심의 깊이 및 허리 라인이다

사지 구성 각도나 밸런스를 보려면 흉심의 발달과 아랫배의 흐름, 옆구리 위치의 발달이 시각적으로 밸런스가 맞는지 체크한다. 운동 관리 이전에 선천적인 신체구조학적 체형을 보는 것이다.

⑥ 흉폭의 발달과 후구의 뒷다리 폭의 발달 여부다

전후구 발달은 유전에 있어 많은 영향을 미친다. 보행에서 문제를 보이기도 하지만 관리상의 문제보다 유전의 결함이 문제에 많은 영향을 미치기 때문에 면밀히 살펴봐야 한다.

⑦ 귀의 모양과 폭이다

머리 앞쪽으로 과도하게 숙인 귀의 모양, 또는 얼굴에 비해 유난히 큰 귀 또한 두 귀의 폭이 머리에 비해 너무 넓거나 반대로 좁은지 체크한다. 귀의 위치에 따라 얼굴 표현이 달라지기 때문이다. 성상과 미학적 밸런스가 맞아야 하며 귀가 서 있거나 너무 앞으로 숙여져 있지 않아야 한다.

⑧ 주둥이 길이와 구혈의 조화다

진돗개의 주둥이 길이에 있어 입가의 구혈이 짧거나 구혈이 처졌는지 체크한다. 구혈의 폭은 얼굴 종족 표현에 있어 진돗개의 매력을 떨어뜨리기도 하고 답답해 보이기도 한다. 번식에 있어 성상 표현의 본질에 미치는 영향이 크다.

⑨ 거대하거나 빈약한지 여부다

과체중이거나 반대로 빈약한 견은 진돗개의 일반 외모 평가에서 가장 많은 영향을 주는 요소이다. 특히 오버 사이즈이거나 살이 너무 찐 듯한 개는 진돗개 특유의 순발력 있고 탄력 있는 몸의 표현, 신체 밸런스 측면에서 높은 점수를 받기 어렵다. 아무래도 골격이 유전적인 요소가 있기 때문에 빈약한 골격 역시 같은 관점으로 번식을 장려하지 않는다. 체장이 짧거나 긴 체형은 진돗개의 표준과 거리가 멀다.

⑩ 유전적인 결함 유무다

유전병, 안색, 골격, 결치, 음 고환, 모색, 극장모, 극단모, 바람직하지 않은 꼬리 등이 유전된다고 알려져 있다.

⑪ 기질적인 문제 유무다

진돗개의 성품은 보통 타고난다. 사냥 본능, 경계 본능, 잘 어울리지 못하는 알파 우두머리 근성이 대표적이다. 전람회 출진을 준비한다면 어려서부터의 사회화 과정을 통해 친절한 진돗개로 성장하도록 이끌어줘야 한다. 생후 10개월 이상 되면 본능적 기질이 나오는데, 기질적으로 광폭하거나 너무 소심한 성품을 가졌는지를 봐야 한다. 개의 성격은 유전적으로 이어지기도 하지만 후천적인 교육을 통해 만들어지기도 한다. 그러기 위해서는 오랜 시간과 노력이 필요하다. 너무 많이 짖거나 경계심이 강한 진돗개보다는 사람들에게 친절하고, 상대 견에게 여유롭고 기질적으로 자신감이 넘치며 당당한 성품이 좋다.

⑫ 전체적인 조화다

아무리 특정 부분이 우수하다 하더라도 성상을 비롯하여 전체적인 밸런스가 맞지 않으면 좋은 견이라고 말할 수 없다.

이 내용들이 내가 나름대로 정한 좋은 진돗개에 대한 기준이다. 사람마다 생각하는 것이 얼마든지 다를 수 있다. 나는 지금까지 번식을 통해 내가 추구하고 좋아하는 진돗개의 스타일을 찾아가면서 나만의 번식 철학을 발전시켜왔다. 브리더라면 누구나 각자의 번식 철학이 있을 것이다.

종견을 선정하고 교미를 시키는 것 또한 쉽지만은 않았다. 거리가 멀거나 비용이 비싸거나… 훈련사의 월급으로는 현실적으로 한계가 있었다. 그때 도움을 주신 분이 박종화 심사위원이었다. 아무래도 고참 심사위원이기 때문에 강아지를 드리면서 내 사정을 이야기하고 교미를 시킬 수 있었다. 번식을 하다 보면 종견을 선택해야 하는데 번식에 철학이 있다면 챔피언이 아니어도 교미를 통해 좋은 견종을 배출해 번식시켜서 분양이 가능하다. 그렇지 않으면 챔피언 종견을 찾아갈 수밖에 없다.

브리더의 기본은 암컷에게서 보이는 부족한 부분이 있으면 수컷에게서 보상받을 수 있는 종견을 찾아야 한다. 하지만 일반 브리더는 강아지를 분양하기 어렵기 때문에 고민 아닌 고민을 할 수밖에 없다. 그것이 현실이기 때문이다. 나 역시 종견 선택은 챔피언 우승견을 우선순위로 정했다. 아무래도 챔피언을 차지한 개는 전체적인 혈통 고정이 되어 있는 견들이 많았기 때문이다. 챔피언이라 하더라도 진도산과 신혈의 종견은 가급적 피했다. 당대에 뛰어난 개라 하더라도 후세대까지의 유전은 보장하지 못하기 때문이다. 챔피언이 아니더라도 혈통 라인을 잘 알고 있고 고정이 되어 있는 견이라면 믿음을 갖고 과감하게 종견으로 결정하기도 했다.

3. 유명 견사 만드는 법

유명 견사가 되려면 당연히 좋은 개를 번식시켜야 하고 좋은 종빈견을 데리고 있어야 한다. 한우리 견사가 짧은 시간에 유명해지고 챔피언을 배출할 수 있었던 것은 자기 나름대로 계획이 다 되어 있었기 때문이다.

첫째, 나의 주관을 뚜렷하게 가져야 한다.
둘째, 강아지보다 바로 번식이 가능한 개월 수의 암컷을 선택한다.
셋째, 누구보다 열심히 관리와 노력을 한다.
넷째, 나이가 들어도 유명한 견을 입양한다.
다섯째, 최대한 눈에 보이는 결점이 없는 견을 선택한다.

여섯째, 좋은 개는 최선의 방법을 동원해서 데려온다.

일곱째, 나의 견사호와 번식견은 내가 만든다.

여덟째, 분양은 확실한 사람에게 한다.

아홉째, 장시간 지켜보고 투자한다.

열째, 돈을 생각하면 좋은 개를 만들기 어렵다는 생각을 가진다.

뒤돌아보면 나는 훈련사이고, 핸들러였기 때문에 다른 사람들보다 좋은 조건을 가지고 빠른 시간에 자리 잡기가 가능했던 것 같다. 이웅종이라는 사람이 유명해지기 위해서는 유명한 성견 챔피언이 필요했다. 나는 기회가 되고 돈이 생기면 제일 먼저 종모견을 모으고 싶었다. 6살 이상의 종견을 선택했다. 종견으로 쓰기에는 나이가 있지만 그때 당시 나는 유명하지 않았기 때문이다.

저먼 셰퍼드 번식을 시작할 때도 마찬가지다. 독일 수입견, 일본 수입견 종견을 저렴하게 분양받아 광고했다. 셰퍼드 마니아는 이웅종은 몰라도 종견은 알기 때문에 그 전략이 먹혔다. "나는 한우리 견사 알베르토, 켄토, 누구 견주입니다" 하면 상대방이 빨리 알아들었다. 진돗개 종견 원리도 그러했다. "2000년대 챔피언 백태풍 옥돌장, 흰갑돌 비안인형하우스, 준수 울산도솔농장, 해동 프로스펙스 견주 이웅종입니다." 이렇게 대화를 시작하면 전문 견사 전문 번식자로 인정받을 수 있었기 때문이다. 그런 후 좋은 모견을 통해 번식을 시켜 W.J 한우리 견사라는 나의 타이틀을 가진 혈통서를 알리면서 점차 전문 견사로 인정받기 시작했다.

WJ 한우리 견사호를 등록하다

번식을 위해서는 번식장과 견사를 대표하는 견사호가 필요했다. 나의 이름이 중요하듯이 견사호 역시 중요하다. 번식자와 견사호가 알려져야 유명 견사로 등록할 수 있기 때문이다.

우리 시골집 앞뜰에 돼지우리가 한 채 있었는데 그 공간을 견사로 만들었다. 돼지우리를 고쳐 번식장으로 만들었으니 얼마나 볼품이 없었을지, 지금 생각해보니 웃음이 난다. 하지만 그 시절에는 다 그랬다. 뒷산에 올라 나무를 베어 철망으로 둘러 만든 견사였다. 바닥에는 지푸라기를 깔아 번식을 시작했다. 어머니와 할머니께서 관리해주셨다. 사실 훈련소 소장님께서 번식을 허락해주셨지만 훈련사 생활을 하면서 자기 개를 기른다는 것은 쉬운 일이 아니었다. 스승님께서 배려하여 개를 기르는 것을 허락해주셨지만 동료와 선후배들의 눈치를 안 볼 수는 없었던 것이다. 그래서 시골에 견사를 마련하고 견사호 신청도 하여 나만의 번식장을 만들게 된 것이다. 나는 번식과 핸들링을 하여 짧은 시간에 챔피언을 많이 배출했다.

시골집에 가면 셰퍼드와 진돗개 챔피언을 차지한 개들이 여러 마리 있었다. 서울에서 손님들이 그 오지인 시골집까지 찾아와 개를 보고 강아지를 사러 오기 시작했다. 시골에 계신 어머니와 할머니가 처음엔 무슨 일인가 하고 무척 놀라셨다. 강아지 한 마리에 50~100만원씩 주고 분양하니 놀랄 수밖에 없었다. 1990년대 초반, 시골에서는 무척 큰돈이었다.

한번은 이런 경우도 있었다. 전람회 광고 책자에서 광고를 보고 시골까지 개를 사러 왔던 분이 견사를 보고 놀랐다고 한다. 좋은 개를 왜 저런 곳에서 키우냐며 한마디하더니 그냥 돌아갔다고 한다.

　처음에 이 이야기를 들었을 때 황당했다. 개만 훌륭하면 되지 뭐가 문제인지 몰랐다. 하지만 다시 생각해보니 문제는 간단했다. 좋은 개를 찾는 사람들은 경제적 여유가 있다. 보는 눈 또한 높을 것이다. 챔피언이 머무는 견사는 그만큼의 투자가 필요하다는 사실을 깨달았다. 정신이 번쩍 들었다. 챔피언은 쉽게 되는 것이 아니다. 나에게 큰 행복을 선물해준 챔피언들은 최고의 대접을 받을 권리가 있다. 누가 와서 보더라도 감탄할 정도까지는 아니어도 쾌적하다고 느낄 정도의 환경이 필요한 이유이다. 전문 견사 챔피언 번식장은 나의 얼굴이기도 하니까 말이다. 돼지우리 견사를 전부 헐고 다시 견사를 지었다. 전문 브리더가 되려면 견사의 환경에도 신경을 써야 한다.

　첫째, 최대한 쾌적한 환경을 만들어라.
　둘째, 휴식 공간과 활동할 수 있는 공간을 만들어라.
　셋째, 주변 환경을 말끔히 정리해라.
　넷째, 개를 선보일 공간을 따로 만들어라.
　다섯째, 개의 부모, 형제의 이력과 혈통을 설명해줘라.
　여섯째, 분양의 법칙을 세워라.
　일곱째, 강아지 분양 법칙을 정했으면 정한 대로 하고 원하면 그냥 입양하도록 해라.

여덟째, 잘 성장할 수 있도록 관리해줘라.

아홉째, 원하는 만큼 자라지 못했다면 다른 강아지를 선물해줘라.

열째, 나의 고객에게 최고의 가치를 보여 주고 인정받는 사람이
되도록 노력해라.

2000년도 진돗개 명문 견사 W.J 한우리 견사

황구에는 대순이가 있었다면 백구에는 인영 태조산 엔젤 하우스가
있었다. 인영은 천안 임광천 심사위원의 번식견으로 역시 마찬가지
로 유견조에 내가 데리고 왔다. 한눈에 반해서 쫓아다니며 나에게 분
양해달라고 했다. 잘 관리하여 꼭 챔피언을 만들겠다고 하여 결국은
나의 소유견이 되어 성견 암조 챔피언까지 만들게 되었다.

　　백구는 인영이의 자견 솔비 한우리가 대표견이다. 지금까지 솔비
의 자견들이 맹활약했다. 마루, 한백구, 동호, 한백야 한우리 성견 암·
수조 챔피언 외에 가장 많은 챔피언을 배출하였다. 흑구로는 흑수돌,
한우리, 블랙탄, 깐돌이, 코리아 챔피언, 황구 번식견으로는 진호진
철관사가 있고, 수원에서 카센터를 하던 이병걸 사장님이 기르던 황
구 한유비, 한보람(성견 암·수조 챔피언), 한가람이 3개 협회 대회에
서 챔피언을 차지하며 그 당시 최고의 인기 있는 진돗개를 배출하였
다. 토종견협회 이종복 회장의 한만돌 한우리(수)가 각 협회 최우수
상을 수상하였다. 2005년 FCI 축견전람회 전 견종 한우리 견사 대표

견인 진미 진장농원이 전 견종 R.BIS를 수상했고, 2009년 아시안 섹션쇼 FCI 국제 도그쇼에서 한국 최초이자 지금까지 최고 기록을 유지하고 있는 전 견종 BIS 진돗개 종만이가 최고상을 수상했다.

한우리 견사 출신 대표견들을 소개하면 다음과 같다.

〈2024년 W.J 한우리 견사 대표견들〉

2021년 한국애견연맹 분당(암), 성견 1석 챔피언 BIS
2022년 한국애견연맹 단풍(암),
　　　　성견 암조 1석 챔피언 R.BIS. KOR. CH
2023년 한국애견연맹 한순동 한우리(수), KOR. CH
2023년 한국애견연맹 동천(수),
　　　　3개 협회 미성견 3회 1석 챔피언 KOR. CH
2023년 한국애견연맹 한순이 한우리(암), KOR. CH
2023년 한국애견연맹 아랑 운주산(암), KOR. CH
2023년 진도군 전람회 관외 금상 수상
2023년 한국애견연맹 W.J 한우리 견사 대표견

황간 월유농원 금점수 심사위원이 번식시킨 수원 박종화 팔달문 견사 소유 진돗개를 핸들링 하여 인수 황간 월유농원 한국애견연맹, 성견 진1석 챔피언을 배출했다.

금점수 심사위원의 고향인 영동에 갔다가 10개월 정도 된 유견조 진돗개를 보았는데 한눈에 반했다. 내가 좋아하는 스타일의 진돗개였다. 그 자리에서 나는 주저하지 않고 형제인 순돌, 순동, 순아 3마리를 모두 분양받아왔다. 어느 협회 전람회를 가더라도 자신이 있었다. 그렇게 최고의 명견으로 키워냈다. 순돌은 애견연맹 도그쇼 인터내셔널 챔피언, 순아는 성견 암조 코리아 챔피언이 되었다. 순동은 애견연맹, 애견협회, 축견연합회 성견 챔피언을 하고, 윤희본 회장님이 만든 한국견협회 1회 전람회 성견 수조 54두 중 당당히 성견 진 1석 챔피언을 받았다. 당시 매우 비쌌던 대형 컬러 TV를 부상으로 받은 기억이 난다.

또한 안충기 소장이 번식시킨 대우 버들(암) 진돗개 랭킹 1위, 2020년 정경옥 원장 번식견 국두리 대한민국(수) 랭킹 1위 등 한우리 견사는 지속적인 투자를 통해 한우리 견사의 자견 배출에 챔피언 혈통을 이어왔다.

진돗개 전람회 입상견 심사평가

3장
진돗개를 사랑한 사람들

1. 홍성대 이사장과의 만남

대한민국 진돗개를 말할 때 홍성대 이사장님을 모르면 안 된다. 유명한《수학의 정석》저자이며, 前 상산학원 이사장님으로, 견사호는 모산이다. 모산은 2000년대 대한민국 진돗개의 역사를 다시 쓰게 된다. 모산은 대한민국 전체를 통틀어 한국 전람회 성견 암수조 챔피언 150두 이상을 배출한 한국 최고의 진돗개 전문 견사다. 모산 견사는 유일하게 4대 이상의 국제 공인 혈통서가 있고, 혈통서상 60~70% 이상이 챔피언 등록을 했던 유일한 견사이기도 하다.

진돗개에 대한 열정과 관심으로 진돗개가 세계애견연맹(FCI) 국제공인 334호로 지정받는 데 지대한 공헌을 하신 분이며, 한국에서 진돗개 브리더를 꿈꾼다면 반드시 기억해야 할 분이다. 세계애견연맹의 스탠다드 기술 위원회가 진돗개의 표준을 정하기 위해 한국을 방

홍성대 이사장과 이웅종   홍성대 이사장과 박상우 총재

문했을 때 모산에서 체계적으로 혈통 관리를 해온 것을 보고 감탄하기도 했다. 전문 견사라 하더라도 성견 암·수조 한두 마리를 보유하기도 어려웠지만 모산은 자견을 제외하고 80% 이상이 코리아 챔피언을 취득하고 있었기 때문이다. 물론 애견협회, 축견연합회, 타 협회 전람회 챔피언 애견연맹이 추구하는 스타일은 모산 견사에서 관리견으로 보존되었다. 모산 견사에서는 평균 150두의 진돗개가 있었기에 얼마나 많은 한국 대표견들이 있었는지 말하지 않아도 알 것이다.

　1997년 광주에 계신 노용근 목사님 소개로 홍성대 이사장님을 처음 만났다. 대한민국에서 가장 유명하고 훈련을 잘 시키는 훈련사를 추천해달라고 해서 나를 찾아주신 것이다. 여기서 중요한 것은 이웅종도 1990년대 후반에는 드디어 유명한 훈련사의 반열에 올랐다는 것이다. 훈련경기대회, 훈련챔피언, 전국 전람회 장소에서의 훈련시범, 셰퍼드 전람회, 진돗개 전람회 핸들링 등을 통해 나름 이름이 알려진 상태였다.

　모산 견사의 대철이라는 진돗개를 훈련시키면서 본격적으로 홍성대 이사장님과의 인연이 시작되었다. 대철이는 당시 최고의 한국 챔피언인 남철의 직자였다. 전람회를 나가고 싶어 훈련소를 찾아왔는데 전람회 출품견으로는 매우 부족한 상태였다. 하지만 사회성과 훈련에 재능을 보여 훈련을 하기로 했다. 훈련하는 동안 아주 탁월한 훈련성을 보였고, 훈련경기대회 첫 출진에서 가정견 CD1 챔피언을 차지하면서 장기 위탁을 통해 훈련을 계속 이어나갔다. 얼마 후 훈련경기대회 가정견조 CD 1, 2, 3, 4 훈련 챔피언을 싹쓸이했다. 그 이후 대철이와 함께 TV쇼, 영화, 드라마뿐만 아니라 전국을 다니면서 훈련 시범을 선보였다. 대철이는 천재 훈련견이었다.

당시 홍성대 이사장님이 심사위원과 전문 브리더의 소개로 분양받아온 진돗개가 과천 농장에 5마리 있었다. 훈련 문의를 하셔서 직접 가서 보니 그중에 전람회 성견 챔피언을 수상했던 개 외에는 전람회에 나가기가 어려워 보였다. 개는 좋은데 치열이나 구성의 문제 등 전람회에 나가기는 부적합해 보여 솔직하게 있는 그대로 말씀드렸다. 중간에 심사위원과 전문가가 개입되어 있어 한편으로는 난처한 사항이었지만 그래도 나는 사실대로 이야기할 수밖에 없었다. 혈통이 좋고 개가 좋아서 거금을 주고 데려오셨다고 했지만 도저히 결함이 있는 개를 좋다고 칭찬하며 전람회에 출진시킬 수는 없었다. 물론 내가 관리하면 훈련비를 받을 수 있어 좋고, 전람회 출진 후 경쟁하여 그 개가 떨어지더라도 개를 탓하지 내 탓을 하지는 않을 것이다. 하지만 양심상 그렇게 하지 못했다. 이 일 때문에 브리더와 심사위원에게 좋은 소리를 못 들은 것은 물론 언성이 높아질 수밖에 없었다. 세월이 지나면 언젠가는 나의 마음을 알아줄 것이라고 생각했다.

평소 이사장님은 학생이 공부를 잘해도 좋지만 우선 인성이 중요하다고 강조하셨다. 그래서 진돗개 강아지를 학생들에게 선물하기 위해서 혈통이 좋은 챔피언 개를 찾았던 것이다.

성적이 좋고 집에서 진돗개를 기를 수 있는 환경이 되어 있는 학생들에게 강아지를 장학금처럼 주면서 인성교육에 중점을 두었다. 진돗개는 폭발적인 인기를 얻었다. 학생도 좋아했지만 부모님들께서 더욱 좋아하셨다. 거기에서 그치는 것이 아니라 1년에 1회 세미나를 열어 진돗개 잘 기르는 법에 대해 프로그램도 진행하였다. 진돗개 강아지를 장학금과 함께 선물로 전달할 때는 축제 분위기였다. 이후 홍성대 이사장님은 도그쇼에 관심을 갖기 시작하면서 FCI 국제공인 지도견에 대한 애착과 사명감은 물론 진돗개에 대한 열정을 보이셨다.

순동이와 순이

2. 유학, 새로운 도전

어느 날 홍성대 이사장님과 저녁을 먹었다. 자연스럽게 선진국의 훈련 문화와 한국의 훈련 수준에 대한 이야기를 나누면서 선진국의 훈련 기술을 도입하는 것이 어떠냐는 제안을 해주셨다. 특히 전문가가 되려고 하면 그 분야에서 최고가 되기 위한 노력이 필요하다며, 우물 안의 개구리가 아니라 이왕이면 늦기 전에 새로운 훈련 분야에 도전하는 것이 좋지 않겠냐고 말씀하셨다. 우리나라에서는 훈련에 관한 전문 교재와 이론을 체계적으로 배울 수 없었기에 선진국 훈련 분야 기술 도입을 통해 후진 양성을 하는 방법을 생각해보라고 권하셨다. 자신에게 투자하고 배운 것이 소진되면 또 다른 기술을 습득하여 후배들에게 알려야 한다는 것이다.

구구절절 맞는 말씀이었다. 이사장님은 내가 후배들을 이 분야에서 성공할 수 있도록 이끌어주고, 책임져야 먼 훗날 이웅종이라는 사람에 대한 평가가 제대로 될 것이라는 말씀을 해주셨다. 자신에게 하는 투자는 결국 헛될 것이 없고, 투자하는 방법을 알아야 멀리 보는 눈을 기를 수 있기 때문이다.

얕은 지식을 아는 것처럼 자랑하는 것보다 나 스스로에게 투자하고 배움을 통해 전파하여 참된 지식을 공개하는 것이 성공의 지름길이라고 하셨다. 지금 생각해보면 말주변 없던 내가 지식을 공개하고 설명하고 다닐수록 점점 말을 잘하게 되고, 그러면서 정리하는 습관이 길들여지다 보니 학자로 변해갔다. 이름이 알려질수록 책임감이 커지고, 나를 찾는 사람이 늘어나고, 그럴수록 또 공부를 더 하게 되고… 그런 원리인 것이다.

대철이 덕분에 깨달은 훈련 철학의 변화

앞서 대철이라는 진돗개에 대해 이야기했다. 대철이는 여러 가지 면에서 나에게 의미가 컸던 진돗개다. 1년 넘게 훈련하고 훈련경기대회 상력을 받으면서 나는 대철이를 매우 자랑스럽게 여기고 있었다. 그러던 어느 날, 대철이를 집으로 돌려보낸 후 연락이 와서 다시 이사장님 댁으로 찾아갔다.

"대철이가 말을 안 들어" 하셨다. 사실 나는 그때만 하더라도 대철이가 훈련 시범을 다니는 개인데 말을 안 듣는다는 말이 이해되지 않아서 그 자리에서 당당하게 훈련 시범을 보여드렸다. 한마디로 나는 기세등등했다. 대철이는 너무 교육이 잘되어 있었기 때문이다. 하지만 홍성대 이사장님은 웃으면서 나에게 이렇게 물었다.

"이 소장, 이 개 누가 기를 거야? 이 소장이 기를 거야, 내가 기를 거야? 이 소장 말은 잘 듣는데 내 말은 안 들어, 교육이 잘된 거야? 아니면 내가 교육을 못 시키는 거야? 내가 교육을 못 시킨다면 나를 가르쳐 줘야지…."

뒤통수를 한 대 맞은 것같이 충격적인 말이었다. 당시 훈련 기술은 훈련사의 노하우이기 때문에 기술을 공개하거나 남에게 알려주지 않았다. 나만의 기술이라고 생각되면 숨기고, 자료 공유도 잘 하지 않았다. 훈련 기술을 견주에게 알려주고 나면 훈련받을 개가 안 들어오고, 훈련사들이 조금 배우고 나면 따로 훈련소를 차려서 나갈 것이라고 생각했다. 한마디로 기술 공개를 두려워했던 것이다.

나의 생각이 완전히 빗나갔다는 것을 얼마 후 다시금 깨달았다. 견주분들에게 개를 다루는 방법을 알려주니 사회성 교육이 잘되고 똑똑하다고 교육이 들어오고, 손님이 다른 손님을 모시고 훈련소에 고객을 유치시켜주며, 훈련사는 더 많은 것을 배우고 싶어 하고, 기술적인 능력은 향상되어 개들은 오히려 더 오랜 시간 교육받는 결과를 가져왔다.

특히 예전에는 "훈련소 가봐야 소용이 없어", "훈련소에서는 말을 듣는데 집에 오면 다 도루묵"이라는 말을 한 번쯤 들어 봤을 것이다. 이것은 보호자가 개를 다루는 방법을 몰라서 이러한 결과를 가져온 것이다. 훈련 기술을 개방하고 프로그램을 통해 개를 컨트롤 하는 방법을 알려드리니 견주들의 만족도가 더 높아졌다. 홍성대 이사장님의 말씀을 이해한 것은 물론 훈련 분야가 성장할 수 있도록 만들어 줘야 한다는 이야기도 가슴 깊이 깨달았던 시기였다. 이것이 계기가 되어 훈련소 개방 프로그램을 만들게 된 것이다.

그런데 1998년, 우리나라에 IMF라는 경제 한파가 찾아왔다. 우리나라 경제 전체가 위태로운 상태였으나 홍성대 이사장님은 오히려 나에게 훈련 교육과 반려견 시장을 이해하려면 선진국의 교육 프로그램을 받아들여야 한다며 나에게 유학을 권유해주셨다. 세계에서 개 훈련을 가장 잘 시키는 나라가 어디냐고 물으시길래 내가 알기로는 독일은 기계적이고 절도 있는 교육법이 잘되어 있고, 미국은 이론 교육과 자율성 교육으로 세계 최고라고 말했다. 독일과 미국이 전 세계적으로 훈련 분야와 동물 복지가 최고의 국가이므로 나이가 더 들기 전 공부하고 오라고 강하게 권하셨다. 나는 과감하게 결단을 내려 미국으로 가보기로 했다. IMF 경제 위기인데 훈련소 소장인 내가 자리를 비우면 훈련소가 문을 닫지 않을까 걱정하면서도 1994년도 세계훈련경기대회 월드 챔피언을 수상한 미국의 K-9 아카데미 스쿨에 3개월 과정으로 연수를 떠났다.

이 모든 과정이 홍성대 이사장님의 권유를 통해 선진국 훈련 분야 최고의 프로그램을 도입하는 계기가 되었다. 연수를 다녀온 후 링 스포츠, IPO, 동물매개치료, 보호자 교육 프로그램 등 공개 프로그램

을 도입했다. 대한민국 훈련 분야가 완전히 탈바꿈한 계기가 되었다. 이후 나는 〈TV 동물농장〉 개과천선, 단체 교육, 개방 훈련, 훈련경기 대회 등 종횡무진 활약하며 한국에서 훈련분야 최우수 지도자상을 싹쓸이했다. 어릴 때 꿈꾸던 대로 정말 유명한 훈련사가 된 것이다. 어려운 시기일수록 자신을 객관적으로 뒤돌아보고, 자신에게 투자하여 언제든지 새로운 기술을 받아들일 수 있는 준비가 되어 있어야 한다는 가르침을 얻었다.

그런데 다른 견종에 대한 자료나 훈련 방법은 외국에 많지만 우리나라의 진돗개에 대한 제대로 된 역사나 번식법 등 이론과 체계적인 관리법을 담은 교재가 없어 언젠가 이런 책을 꼭 만들고 싶었다. 홍성대 이사장님이 후배들에게 새로운 것을 알려주고 책임감을 가진 선배가 되어야 한다고 강조하신 말씀도 실천할 겸 말이다.

분당(암) BISS 시상식 장면

3. 진돗개의 어제와 내일

진돗개 전성시대가 있었다. 좋은 진돗개는 외국으로 수출하기도 하고, 협회를 가리지 않고 진돗개가 팔려 나가던 시절이 있었다. 그러나 홍성대 이사장님과 유명한 전문 견사를 방문하면 종견과 모견 한두 마리 빼고는 좋은 개가 많지 않았다. 말이 전문 견사지 혈통 관리에 문제가 있다는 것을 알게 되었고, 개들의 숫자에 비해 전문 견사로 내세울 만한 환경은 더더욱 아니었다. 이사장님은 전국에서 챔피언 개와 좋은 개를 선별하여 혈통 고정을 위해 번식장을 하나 만들자고 제안해주셨다. 그래서 이사장님의 과천농장 안에 견사를 짓고 전담 훈련사와 관리인을 두고, 나는 훈련소를 오가면서 진돗개 보호 육성과 번식 프로젝트를 시작했다.

우선 나는 챔피언이 아니더라도 혈통이 고정되어 있고 전람회에 나가지 않았더라도 전람회에서 입상 가능한 수준의 개를 찾기 시작했다. 전람회 장소에서 찾거나 소개를 받고 직접 견사를 찾아가 눈으로 확인한 뒤 개를 데려왔다. 전람회에서 입상하지 못한 개라도 관리나 핸들링으로 보완할 수 있는 개라면 상력에 관계없이 분양해왔다. 지금까지 한우리 견사를 핸들링 하면서 쌓아온 노하우가 있어서 좋은 개들을 많이 데려올 수 있었다. 우선 암컷은 황구와 백구를 모았다.

시간이 지나 결과는 아주 좋았다. 교육을 통해 전람회에서 각 조 1석을 차지했다. 내가 선택한 진돗개는 어느 협회 대회를 가더라도 1석, 2석을 무난히 올라갔다. 누가 핸들링 하고 관리하느냐에 따라 바뀌는 것이 개들의 모습이기도 하다. 번식은 우선 두세 번 시도해보고 자견이 좋지 않은 강아지가 태어나면 챔피언견이라 하더라도 번식을 중단하고 가정 분양을 해주었다. 이렇게 홍성대 이사장님의 모산 견사에서는 새로운 목적을 가지고 좋은 진돗개를 늘린다는 목적과 사명감을 가지고 번식을 시작하였다.

국제 공인견 진돗개 보호 육성을 위해 브리더가 되다!

당시만 해도 진돗개는 세계적으로 공식 인증을 받은 견종은 아니었다. 그 나라의 순종견이라고 하더라도 바로 국제공인견으로 승인되는 것은 아니다. 신견종으로 등록하기 위해서는 세계애견연맹(FCI)

에 가승인 신청을 하고 10년이라는 임시 견종 가승인 상태에서 FCI 기술위원회로부터 매년 감사를 받아야 한다. 하지만 이 시점에서 진돗개에 대한 애착을 갖거나 진돗개의 발전을 위해 노력하는 브리더가 사실 부족했고 진돗개의 혈통 관리에 대해서 많은 분들이 관심과 노력을 기울이지는 않았다. 협회마다 생각이 달랐고, 누군가 해주겠지 하는 생각에 무관심하며, 국제 공인 혈통서나 애완동물보호협회(한국애견연맹)가 FCI 가입 단체가 되는 것에 대한 관심은 별로 없었다.

그렇다고 해서 모두가 뒷짐 지고 지켜보기만 했던 것은 아니었다. 특히 홍성대 이사장님께서 진돗개의 안타까운 현실을 알게 되어 진돗개의 보호 육성과 올바른 번식을 위해 적극 나서기 시작했다. 앞서 언급한 모산 견사의 진돗개 연구소에서 한국애견연맹 표준서에 가까운 전국의 좋은 수컷과 암컷을 먼저 종모견으로 데려오고, 우수한 품종 번식을 통해 한국애견연맹 견종 표준에 맞추어 번식을 다시 시작했다. 나도 진돗개 브리더, 훈련사로서 참여할 수 있어서 영광이었다.

진돗개의 본질과 성상 표현, 체형, 모색, 꼬리, 훈련성 등 다양한 시도를 하여 우수한 자견을 배출하면서 도그쇼 KOR.CH 상력 타이틀을 통해 우수한 진돗개로 인정받았다. 또한 3대 이상의 혈통 고정을 통해 진돗개가 FCI 국제공인 334호로 지정받는 데 누가 뭐래도 모산이 가장 큰 역할을 한 것이다. 2005년, 진돗개는 드디어 국제 공인견으로 승인받았다.

모산 견사에서는 표준서에 가까운 가장 이상적이고 좋은 개들을 전국에서 데려와 번식을 시켜 혈통 고정 작업을 진행했다. 표준서의 항목은 다음과 같다.

　　① 개의 본질
　　② 체형
　　③ 꼬리 위치
　　④ 성격 기질
　　⑤ 모량
　　⑥ 이백성과 흰 점(발톱)
　　⑦ 모색
　　⑧ 번식 자견의 모색 일관성
　　⑨ 진돗개의 모색에 따른 분류
　　⑩ 훈련성

　　아무리 좋은 진돗개이고 좋은 상을 받았다 하더라도 10개 항목에서 문제가 많은 번식견은 번식에서 제외되었다. 종빈견에서 과감하게 가정견으로 분류하고, 좋은 종모견을 선별하여 번식을 이어 나갔다. 제일 먼저 진행한 것이 성상 표현과 모색과 꼬리 위치를 잡는 과정이었다. 꼬리 위치에 따라서 체형이 바뀐다는 것을 알았기 때문이다. 모색은 진돗개가 자견을 낳으면, 황구, 백구, 블랙탄, 흑구 등 다양한 자견이 나오는 경우가 많았다. 그렇다고 잡종견이라는 뜻은 아니다. 고유의 색을 생산하는 것은 앞으로 후세대에서 많은 변화를 가질 수 있기 때문이다.

브리더가 개를 번식시킬 때 개의 외형, 기질 그리고 임무를 수행하는 능력을 따지는 것은 의도된 것이었다. 용기를 부여하는 것보다 외형을 완벽하게 꾸미는 것을 우선시하고 또 흠잡을 데가 없는 일반 외모를 표준화하면서 보완하고 싶은 곳이 있으면 부모견의 장점과 단점을 찾는 데서 시작하여 진돗개가 지니고 있는 가장 이상적인 본질과 능력을 번식을 통해 일괄적으로 만들어 갔다.

하지만 번식이란 생각과 같이 원하는 대로 되지 않는다. 시간과 노력이 필요했다. 브리더의 재능과 최고의 번식 능력을 인정받기 위해서는 좋은개, 비용, 시간, 연구, 노력, 사명감, 번식과 관리가 필수이며, 이것이 바로 책임감 있는 브리더가 되는 길이다.

진돗개가 FCI 국제 공인견으로 인증받기까지 과정

1990년, 한국애견연맹(구 애완동물보호협회) FCI 진돗개 견종 표준 스탠다드 위원회 출범(박종화, 박상식, 최윤수, 김수봉, 한구동, 정영섭 위원).

1990년 4월 아시아축견연맹 진돗개 국제 공인견 신청.

1995년, 아시아 이사국 JKC 일본켄넬클럽(가미사토) 기술위원장 FCI 총회에서 진돗개 신견종 제334호(등록 절차 도움).

1995년 3월, 오스트리아 비엔나 신견종으로 공인 334호 국제 임시 견종 승인.

2002년 10월, 진도 분과위원회 구성.

2003년 11월, 진돗개 특별 대책위원회 선임 김수봉, 이인호, 이병억 이사 추천.

2004년 KCC 국제공인 스페셜 티쇼(전주 상산고등학교)

2004년 12월, 진돗개 추진위 구성 승인(정천조, 이병억, 정태환, 송순주 추진위 임명).

2005년 3월, 진돗개 협회 구성(초대 회장 한종석).

2005년 FCI 총회 월드도그쇼 아르헨티나 국제공인 334호 승인(박상우 총재, 류대성 상무, 이병억 이사, 정영섭 위원).

1995년, 세계애견연맹(FCI)에서 우리나라의 진돗개를 국제 공인견으로 가승인했다. 가승인 이후 매년 FCI 기술위원회가 한국을 방문하여 도그쇼를 참관하고, 혈통서 관리 상태, 혈통의 보존 상태 등 실태 파악을 한다. 이때 한국에서는 진돗개 관련 단체가 늘어나면서 혈통 관리가 문제점으로 부각되기 시작했으며, 챔피언 종견은 비싼 가격으로 외국이나 타 협회로 팔려나가기 시작했다. 국제 공인 혈통서 발행에 빨간불이 켜진 것이다. 위기였다. 진돗개가 FCI 국제 공인견으로 승인받기 위해서는 무엇보다 혈통 관리가 필요했다. 앞서 언급했듯이 이때 홍성대 이사장님이 과천 농장의 견사를 증축하여 모산 견사에서 번식되는 모든 견들은 강아지 시기부터 조기 교육을 진행했다. 개인이 감당하기 어려운 어마어마한 비용이 들어간 것은 물론이다.

FCI 기술위원회가 한국을 방문했을 때는 전주 상산고등학교 스페셜 티쇼에 40마리가 출진했고, 분당에서 개최된 최종 감사를 받을 당시에는 이사장님의 모산 견사에서 80여 마리의 코리아 챔피언은 물론 진돗개의 혈통 관리 시스템으로 혈통이 보존된 황구와 백구들을 선보였다. 이사장님은 진돗개가 국제 공인견으로 인정받기까지 1등 공신 역할을 하셨다. 간혹 '어차피 공인받을 수 있었는데…' 하며 뒷말을 하는 사람들을 보면 정말 화가 나기도 한다. 진돗개를 세계적으로 인정받는 견종으로 등록하기 위해 긴 시간 동안 얼마나 많은 이들이 노력하고 애썼는지를 진돗개 브리더나 핸들러는 물론 더 많은 이들이 기억해주기를 바란다.

2010년대 한국애견연맹 진돗개의 현실

2010년대로 접어들어 홍성대 이사장님은 의미 있는 선택을 하셨다. 20년 넘게 모산 견사에서는 150마리 정도를 국제 공인 혈통견으로 등록했고, 혈통견 90여 마리가 코리아 챔피언 등록을 했다. 이사장님은 진돗개 박물관을 만들어 진돗개를 보호 육성하기를 바란다는 말씀과 함께 진돗개 150여 마리를 전부 기증하셨다. 하지만 기증

3년 후 모두 물거품이 되어버렸다. 모산 농장의 혈통은 100% 국제 공인 혈통서가 있으며, 혈통서상의 60~70%가 코리아 챔피언이다. 기증 후 혈통 관리에 신경을 쓰지 않고 점점 진돗개 번식과 혈통 유지는 관심 밖으로 진행되다 보니 모산 견사는 서서히 사라지게 되었다. 투자하고 관리한다는 것이 보통의 정신과 사명감이 없으면 안 된다는 사실을 단적으로 보여준 안타까운 사례이다. 나 역시 진돗개들을 지키지 못했다는 점에서 말할 수 없을 정도로 안타깝고, 지나온 길을 뒤돌아볼 때 제일 후회되는 사건이었다.

또 한 가지 이슈는 2010년대에 접어들면서 기타 견종들이 서서히 인기를 얻자 한국애견연맹은 돈이 되지 않기 때문인지 진돗개에 대한 관리를 하지 않고 진돗개의 보호와 육성에 관심을 덜 가지게 되었다. 애견단체가 무엇을 하는 곳인가? 신견종을 등록하고 공인견으로 신청되었다면 더욱 발전할 수 있도록 도움을 줘야 하는 곳이 연맹인데 지금은 진돗개가 돈이 안 된다는 생각에 관심 밖으로 밀려나게된 것이 아닌가 하는 생각이 든다.

연맹이나 진돗개 관련 협회에도 규정이라는 것이 있다. 물론 규정을 지켜야 하지만 때로는 문제가 된다면 발전 방안을 만들어 내거나 진돗개에 대한 관심을 가질 수 있도록 홍보하는 것이 기본인데 현실은 그렇지 못해 아쉽기만 하다. 또한 진돗개에 대한 젊은 마니아층이 없다는 것도 문제다. 요즘은 외국 견종이 인기가 있고 분양이 잘되다 보니 진돗개에 대한 관심이 점차 낮아지고 있는 것이다.

그리고 또 다른 문제는, 진돗개에 관한 관리가 소홀해졌고, 외국

견종은 도그쇼 붐으로 출진 두수가 늘어나는데 진돗개의 도그쇼 출진은 점점 줄어들었다. FCI 국제 공인견이 된 후 더욱 활발한 도그쇼를 기대했지만 진돗개는 5그룹으로 외국인 심사위원이 심사를 진행하게 되었다. 아무래도 외국의 심사위원은 진돗개의 본질과 체형에 대한 이해력이 부족하였고, 통통하고 잘 걷고 당당하기만 하면 입상하니 진돗개 마니아는 올브리더쇼에 출진하지 않게 되었다.

그렇다고 해서 진돗개 스페셜 티쇼를 활성화시키지도 못했다. 진돗개 브리더가 진돗개 스페셜 티쇼를 외면하고 타 단체 진돗개 전람회에 참여하기 시작하면서 애견연맹 혈통서가 아닌 각기 다른 협회 혈통서를 사용하기 시작했다.

한국을 대표하는 국제 공인 334호 진돗개가 퇴보되어 10년 이상의 공백 기간을 다시 걸어 나가야 하는 것이 현실이다. 한국애견연맹은 FCI 가입 단체로서 한국을 대표한다. 외래 견종의 활성화도 중요하지만 우리의 국견 진돗개에 대한 관심과 보호 육성에도 더 많은 관심을 가졌으면 한다.

2024년 현재 영국과 미국, 폴란드 등 세계 곳곳에서 한국의 진돗개 전문 브리더들이 늘어나고 있고, 진돗개에 관한 관심이 나날이 높아지고 있다. 외국에서 문의가 들어오면 가장 먼저 물어보는 것이 국제 공인 혈통서 유무이다. 좋은 개가 없는 것이 아니라 혈통 관리가 여전히 문제가 된다. 각 협회마다 혈통서 발행을 하다 보니 문제의 심각성을 알 수가 있었다. 어느 혈통서를 펴서 보면 평균 2~3곳의 각기 다른 협회 혈통서들이 섞여 있는 것이 가장 큰 문제다.

진돗개 핸들러, 브리더들은 이 문제의 심각성을 깨닫고 부디 진돗개의 혈통 관리를 위해 함께 신경을 써줬으면 하는 바람이다. 그나마 유일하게 한국애견연맹 대전지부에서 진돗개의 부활을 위해 노력하고 있다. 국견 진돗개가 세계적으로 더 당당하게 인정받고 사랑받을 수 있도록 많은 전문가들이 관심을 가져주기를 바란다.

미국 현지 진돗개 전람회

진도견의 주인에 대한
충성심은 세월이
지나도 잊지 않을 만큼
강하고 기억력도
높으며,
세계 어떠한 견종도
따라오지 못하는
청결성은 진도견만이
가지고 있는
위대함이다.

진도견

견종표준서

KOREA JINDO DOG

BREED STANDARD

진도견 대한민국 진도 / 천연기념물 53호 / FCI(국제공인) 334호 / 5그룹

공식 표준 발표일자 Date of official standard announcement **November 9, 2004**

마루 한우리 MA RU HAN U RI

범삼일

진도견

보호 육성

연혁

1946 ~ 1961	교육청에서 보호업무 관장
1952. 12. 17	이승만 대통령 명으로 진도견 보호를 위한 국고지원금 지원
1962. 12. 3	천연기념물 제53호 지정
1966. 6. 9	진도견보호대책 위원회 설치(도조례 제274호)
1967. 1. 16	한국 진도견 보호 육성법 제정
1968. 5. 8	진도견 보육 관리소 설치
1969. 1. 28	한국 진도견 보호육성법 개정(1차)
1992. 4. 8	아시아축견연맹(AKU) 공인
1993. 4. 23	진도의 진돗개 → 진도의 진도견으로 명칭 변경
1995. 3. 10	FCI(세계애견연맹) 334호 잠정공인
1997. 8. 22	한국 진도견 보호육성법 개정(2차)
1998. 4. 18	진도군 진도견 보호 육성에 관한 조례 제정
1999. 1. 29	한국 진도견 보호육성법 개정(3차)
1999. 11. 13	진도군 진도견시험연구소로 조직개편
2003. 3. 6	크러프츠 도그쇼(영국) 진도견 전시
2003. 12. 5	진도견 품평회에 관한 기준 제정
2005. 5. 10	영국켄넬클럽(KC) 등록
2005. 7. 6	세계애견연맹(FCI) 정식공인 등록
2007. 1. 9	진도견축산사업소로 조직개편
2007. 12. 21	한국 진도견 보호육성법 개정(4차)
2008. 3. 21	진도군 진도견 보호육성에 관한 조례 개정(5차)

추억의

한국 명견

KOREA JINDO DOG

IN THE PAST

초대 진도견 EARLY KOREA JINDO DOG, YEARS 1960~1970

악돌이 AK DOL I

노랭이 NORAENG I

억이 EUK I

대호 DAE HO

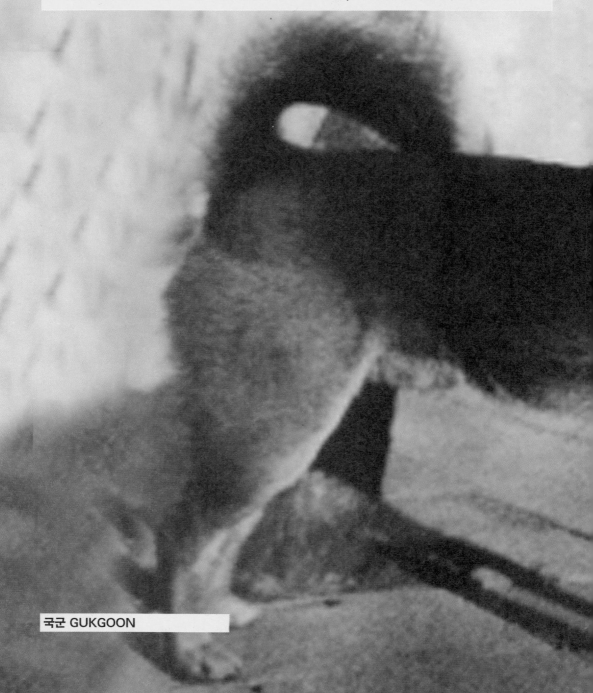

초대 진도견 EARLY KOREA JINDO DOG, YEARS 1960~1970

국군 GUKGOON

추억의

한국 명견

KOREA JINDO DOG

IN THE PAST

황구야,
황토의 불변하는 생명처럼
너의 그 변함없는 충성심으로
너와 나 함께하는 그날까지
늘 그 자리 바로 우리 곁에
있어다오.

수호 SU HO

황용 HWANG YONG

노랑이 NO RANG I

196

방울 BANG UL

황만 HWANG MAN

추억의

한국 명견

KOREA JINDO DOG

IN THE PAST

난철 NAN CHEOL

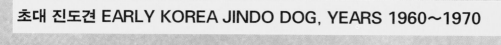
초대 진도견 EARLY KOREA JINDO DOG, YEARS 1960~1970

흑호 HEUK HO

청용 CHEONG YONG

추억의

한국 명견

KOREA JINDO DOG

IN THE PAST

황용 HWANG YONG

백범 BAEK BEOM

도라 DO RA

킨티 KIN TI

누렁이 NU REONG I

봉 BONG

백구 BAEK GU

백구야,
때 묻지 않은 새하얀
피부가 우리 민족의
숨결처럼 고귀하구나.
늘 깨끗하고 청렴한
마음처럼 한결같이
이 자리를 지켜왔노라.

1980년대

챔피언

CHAMPION

KOREA JINDO DOG

백두산 남규네 BAEK DU SAN NAM GYU NEA

수호 국견원 SU HO GOOK GYEON WON

210

옥철이 OK CHEOL I

청길 남규네 CHEONG GIL NAM GYU NEA

장군 한우리 JANG GUN HAN U RI

1990년대
챔피언
CHAMPION
KOREA JINDO DOG

남철 전씨 NAM CHEOL JEON SSI

진 비호·마당재 JIN BI HO MA DANG JAE

태풍이 행복이네집

순철 청만 SUN CHEOL CHEONG MAN

진보람 하우스 레스바이저 JIN BO RAM HOUSE

214

진호 한발 JIN HO HAN BAT

진용 수신장 JIN YONG SU SIN JANG

강호 GANG HO

국군 관우네 GUK GUN GWAN U NEA

장군 한우리 JANG GUN HAN U RI

장군 이씨 JANG GUN I SSI

덕휘 청농 DEOK HWI CHEONG NONG

해동 프로스팩스 HAE DONG PROSPECS

흑룡 HEUK RYONG

석호 황마 SEUK HO HWANG MA

일숙 팔달문 IL SUK BAL DAL MUN

진 삼일 새마대 JIN SAM IL SAE MA DAE

진옥 장군 JIN OK JANG GUN

한가람 한우리 HAN GA RAM HAN U RI

진수 도정 JIN SU DO JEONG

2000년대

챔피언

CHAMPION

KOREA JINDO DOG

인영 태조산 엔젤 하우스 IN YEONG TAE CHO SAN EAN JEAL HOUSE

백설희 한우리 BAEK SEOL HUI HAN U RI

한솔비 한우리 HAN SOL BI HAN U RI

2000년대

챔피언

CHAMPION

KOREA JINDO DOG

백화 초강 배달 BAEK HWA CHO GANG BAE DAL

강만이 GANG MAN I

동호 DONG HO

2010년대

챔피언

CHAMPION

KOREA

JINDO DOG

진순 JIN SUN

강성 GANG SEONG

분당 BUN DANG

마한 초희 MA HAN CHO HUI

2010년대

챔피언

CHAMPION

KOREA

JINDO DOG

장호 JANG HO

보석 도토성 BO SEOK DO TO SEONG

개의 훈련은 교육이고
개의 본능과
성질을 파악하는 것이
중요합니다.

우리나라 진도견의 유래와 역사

Origin and History of Korea Jindo dog

구석기, 신석기시대에 우리나라에서도 개들이 사람에게 사육되고 함께 생활하고 있었음을 동래 김해 고분에서 출토된 개의 뼈를 통해 유추할 수 있다. 특히 이 개들의 유골은 모두 중형 사이즈로 한국, 중국, 일본 등에서 발견되는 유골과 매우 비슷하다. 한국에도 다양한 토착견이 있었으나 현재까지 보존되고 있는 견종 중에 가장 계통적으로 잘 보전되어 발전된 것은 진도견이다. 진도견의 유래는 삼국시대 전라도 지방에 수렵성이 뛰어난 개들이 많았다는 내용이 있으며 서기 530년(일본 27대) 일찍이 일본에도 소개되었다. 일본 또한 한국 진도견의 우수성을 인정하여 현재 일본의 한 신사 앞에는 '고마이누'(고려견) 또는 '가라이누'(당, 한)라 불리는 석상이 세워져 있다. 서기 1259~1274년(고려 원종시대, 일본의 북조시대에 해당)에 몽고 칭

기즈칸의 군대가 고려와의 전쟁 중에 '진도'와 '제주도'에 주둔군을 두어 양마장을 설치하였는데 양마장 경비견으로 몽고에서 데려온 개가 사육되었다. 이 개들과 당시 우리의 토착견과의 사이에서 나온 후손이 현재 진도견의 선조이다.

It can be inferred from the bones of dogs excavated in the Dongnae Gimhae tombs that dogs were bred and lived together in the Paleolithic, Neolithic, and Korea. In particular, the remains of these dogs are all medium-sized and are very similar to those found in Korea, China, and Japan. There were various indigenous dogs in Korea, but among the breeds preserved to this day, the Jindo dog is the most systematically preserved and developed. The origin of Jindo dogs is that during the Three Kingdoms period, there were many dogs with excellent hunting ability in Jeolla Province, and they were introduced to Japan as early as 530 AD (27th generation in Japan). Japan also recognized the excellence of Jindo dogs in Korea, and now a stone statue called "Komainu" (Koryo dog) or "Garainu" (Dang, Han) is erected in front of a Japanese shrine. During the war with Goryeo, Genghis Khan's army set up a horse farm with garrisons in "Jindo" and "Jeju-do" during the war with Goryeo. The dogs brought were bred, and the descendants of these dogs and our native dogs at the time are the ancestors of Korea Jindo dogs.

진도견의 기원에 관한 문서 기록은 없으나, 많은 연구가들이 한국 남서쪽 끝에 위치한 진도에서 수천년 전부터 살아왔다는 사실을 인정하고 있다. 고대부터 존재한 진도견의 유래는 다양한 설이 있으나, 섬에서 육지를 오가는 교통이 불편한 진도의 지리적 특징 덕분에 한국의 토착견인 진도견의 품종이 잘 보전되어 왔을 것으로 받아들여지고 있다. 한국에서는 '개' 또는 개를 의미하는 한자 '견'자를 붙여 진돗개나 진도견으로 부른다.

There is no documented record of the origin of Jindo dogs, but many researchers admit that they have lived in Jindo, located in the southwestern tip of Korea, for thousands of years. Although are various theories about the origins of Jindo dogs that have existed since ancient times, it is accepted that the breed of Jindo dogs in a Korean indigenous breed that has been well preserved due to the geographical features of Jindo and the inconvenient communication between the islands and the land. In Korea, it is called Jindotgae or Jindogyeon with the Chinese character "gyeon", which means "dog".

진도견은 다른 견종에 비하여 여러 가지 우수한 특성을 지니고 있다. 그러한 우수한 특성 때문에 일제강점기인 1938년 조선보물 고적명승으로 지정되어 보호받다가 1962년 문화재 보호법에 의하여 다시 천연기념물로 지정되어 오늘에 이르고 있는 것이다.

　진도견은 우리나라에서는 모르는 사람이 없을 만큼 알려져 있는 개인데 일본 모리 교수는 그 기원을 옛날 석기시대에 사람이 기르던 개의 후예가 전해 내려온 것으로 조선 고유견이라 기술하고 있다. 그로부터 약 30년 뒤인 1970년대에 우리나라 사람들은 진도의 현지에서 구전되어 오는 속설로 미루어 보아 중국의 송나라 개나 몽고견이 진도견의 선조일 것이라고 주장하는 식자가 나타났다. 그러나 그동안 수집된 문헌과 과학적인 연구의 결과를 보면 '진도견'이 우리나라 고유의 토종개임이 확실하다.

The Jindo dog has several excellent properties. In 1938, during the Japanese colonial rule, it was designated as a natural treasure trove of Joseon, and was designated as a natural monument again by the Cultural Heritage Protection Act in 1962, and has been introduced as a representative breed of Korea to this day. In his book, Professor Mori of Japan describes the origin of Jindo dogs as a dog that was raised by people of the Stone Age long ago, and has been passed down to the later generations and has become an indigenous dog. In the 1970s, it is argued that Chinese Song Dynasty dogs and Mongolian dogs were the ancestors of Jindo dogs, considering the stories that were handed down in Jindo. It is recognized as a native dog until now.

진도견은 주인에 대한 충성심, 불가사의한 정도의 귀가본능, 백절불굴의 수렵본능, 타인의 유혹에 넘어가지 않는 비유혹성, 깨끗함을 좋아하는 결벽성, 경계성, 용맹성과 대담성 등의 우수한 품성을 지니고 있어 많은 사람들로부터 사랑받고 있으며, 이로 인하여 우리나라의 대표적인 국견이자 명실상부한 세계적인 명견으로 유명하다. 이러한 우수한 품성을 구체적으로 살펴보면 다음과 같이 정리할 수 있다.

Korea Jindo dogs are loved by many people for their excellent qualities such as loyalty to their owners, instinct to return home, hunting instinct, non-seduction, cleanliness, vigilance, courage, boldness and determination. The superior character of Korea Jindo dogs is as follows.

- 주인에 대한 충성심 loyal to owner
- 불가사의한 정도의 귀가본능
  mysterious instinct to return home
- 백절불굴의 수렵본능 indomitable hunting instinct
- 타인의 유혹에 넘어가지 않는 비유혹성
  non-seductiveness that does not fall into the temptation of others
- 깨끗함을 좋아하는 결벽성 cleanliness
- 경계성 vigilance
- 용맹성과 대담성
  courage and boldness

진도견은 뛰어난 방향감각을 가지고 있다. 한 주인에게 충성하는 타입으로서 주인이 바뀌었을 때 시간이 지남에 따라 새 주인을 받아들이긴 하나, 어려서부터 기른 주인을 향한

애착심은 평생 잃지 않는다.

Korea Jindo dogs have an excellent sense of direction. As a one-owner dog, when the owner changes, he accepts the new owner over time, but the affection for the owner, raised from an early age, is never lost for life.

진도견은 자기 몸을 스스로 깨끗하게 간수하며, 위와 같이 진도견의 여러 가지 우수한 품성 때문에 한번 길러본 사람은 매료되어 진도견을 사랑하지 않을 수 없다.

As mentioned above, because of the excellent qualities of the Jindo dog, any who has met this breed is guaranteed to fall in love with them.

진도견은 우리나라 고유의 문화적 유산으로 가치를 인정받아 천연기념물 제53호로 지정되었다. 1936년 당시 경성제국대학 전신 교수였던 모리 씨는 조선총독부의 시학위원으로 위촉받아 전라남도로 지방 출장을 왔다. 이때 진도에 진도견이라는 육지에서 보기 드문 특이한 번견이 있는데, 그 성품이 영리하여 해마

다 많은 수의 개가 육지로 유출된다
는 말을 전해 듣고 대단한 흥미를 갖
게 되었다.

The Jindo dog was recognized as a
unique cultural heritage of Korea
and was designated as a National
Treasure. Mr. Tamezo Mori, a
professor of Keijō Imperial University in 1936, was appointed as a
member of the educational institution inspection committee. While
on a business trip to Jeolla Province, Mr. Mori heard that there was a
unique breed called the Jindo dog in Jindo Island. This breed he found
was as clever as it was rare. He also found that a large number of dogs
are exported to the mainland every year.

그래서 그 이듬해인 1937년 봄에 모리 교수는 진도에 가서 현장답사
를 마치고 그 당시 진도군수였던 문동호 씨의 협조를 받아 군내면과
지산면 등의 진도견을 조사했다. 그 결과 한국의 고유견인 진도견이
수렵성이 강하고 우수한 특성을 지니고 있을 뿐 아니라 순수히 혈통
이 잘 보존되어 있음을 발견했다. 이를 보존할 가치가 있다고 판단한
모리 교수의 제안으로 1937년 조선보물 고적명승 천연기념물 보존
령 한국 특유의 축양동물이라는 조항에 의해 천연기념물로 지정받
게 된 것이다.

The following year, in the spring of 1937, Mr. Tamezo Mori went to Jindo Island and completed research with the cooperation of Mr. Moon Dong-ho, who was the mayor of Jindo Province at that time. Mr. Tamezo Mori found that the Jindo dogs, which are unique to Korea, have a well-preserved lineage. This purity he felt made them worth preserving. In 1937 he suggested to define the breed as a national treasure in accordance with the preservation order for natural monument of Joseon Treasure and Historical Landmark, especially Korean-specific domesticated animals.

천연기념물로 지정받은 진도견은 등록과 심사를 하고 외부의 반출을 막는 등 타 품종과의 혼혈을 방지하기 위하여 당시 조선총독부 학무국에서 진도견 보호업무를 관장해 왔으며, 진도견의 심사 표준은 일본 토종개 가운데 중형견인 기주견을 참고했다. 이후 8·15 광복으로 독립을 맞이한 신생독립국가는 미처 진도견에 관심을 가질 여유가 없었다. 거기다가 6·25전쟁이 일어남으로써 진도견은 사실상 방치상태에서 멸종위기를 맞게 되었다.

The Jindo dog, which was formally designated as a natural monument. It was registered in the studbook and monitored to prevent from being exported to the outside of the Jindo Island and being mated with other breeds. The Education Bureau of the Japanese General Government of Korea was in charge of preserving the Jindo dog. The Jindo dog breed standard was written based on the breed standard of Japanese native dog Kishu. After the Japan Surrender in 1945, the South

Korean government was not able to pay attention to the Jindo dog. In addition, the Korean war began five years later after the liberation. The Jindo dog was practically neglected and faced the threat of extinction.

1952년 2월 17일 제주도 육군 제1훈련소를 돌아보고 귀경하던 이승만 대통령은 진도에 새로운 훈련장 건설여부를 알아보려는 목적으로 진도에 들렀다. 이때 이 대통령은 진도견에 관한 이야기를 듣고는 보호에 힘쓰라는 지시와 함께 500만 원을 지원해주었다.

On February 17, 1952, President Syngman Rhee, who was returning to Seoul after visiting the Korean army training centre in Jeju Island, stopped by Jindo Island to find out whether a new training centre could be built there. At that time, President Lee heard a story about the Jindo dogs and ordered the officials on Jindo Island to make efforts to preserve the Jindo dog with the financial support of 5 Million Korean won.

1962년 그동안 일제강점기에 지정된 조선보물 고적명승 천연기념물 보존령을 폐지하고 새로이 문화재 보호법(법률 제961호)을 제정 공포하면서 진도견은 우리 법률에 의하여 1962년 12월 3일 천연기념물 제53호로 지정되어 현재까지 보존·관리되어 오고 있다. 또한 진도견의 고유혈통을 국가적인 차원에서 보존하기 위해 1967년 1월 16일 한국 진도견 보호육성법을 제정하여 1969년 1월 28일 1차 개정했다. 이를 현 실정에 부합되고 명실상부한 세계적인 명견으로 보호·육성하기 위해 2007년 12월 21일 4차로 개정되어 현재 국가적인 차원에서 보호·관리되고 있다.

In 1962, the preservation order for natural monument of Joseon Treasure and Historical Landmark, especially Korean-specific domesticated animals which was made during the Japanese colonization period was abolished, and a new Cultural Heritage Protection Act (Law No. 961) was enacted. In accordance with Korean law, the Jindo dog was designated as Natural Monument No. 53 on December 3, 1962, and has been monitored since.

In order to preserve the bloodline of the Jindo Dog at the national level, the Korean Jindo Dog Protection and Raising Act was enacted on January 16, 1967, and was first revised on January 28, 1969.

It was revised for the fourth time on December 21, 2007, and is currently being protected and managed at the national level to become an internationally recognized breed.

진도견 대한민국 진도 / 천연기념물 53호 / FCI(국제공인) 334호 / 5그룹

1. 머리 부위 TOPSKULL

2. 머리 HEAD

3. 귀 EAR

4. 눈 EYE

5. 액단 STOP

6. 주둥이 SNOUT

7. 코 NOSE

8. 상악 MAXILLARY

9. 입술 LIPS

10. 하악 MANDIBLE

11. 볼 CHEEK

12. 어깨 SHOULDER

13. 어깨점 POINT OF SHOULDER

14. 상완 UPPER ARM

15. 전완 FOREARM

16. 발가락 TOES

17. 발목 PASTERN

18. 앞발목 WRIST

19. 겨드랑이 ARMPIT

20. 앞팔꿈치 ELBOW

21. 가슴 CHEST

22. 무릎 KNEE

23. 볼록살

24. 발가락 TOES

25. 꼬리 TAIL

26. 뒷발허리 REAR PASTERNS

27. 비절 HOCK

28. 아래넓적다리 LOWER THIGH

29. 넓적다리 THIGH

30. 옆구리 SIDE

31. 좌골단 ISCHIUM

32. 엉덩이 HIP

33. 허리 WAIST

34. 십자부 PELVIC ARCH

35. 등 BACK

36. 기갑 WITHER

37. 목 NECK

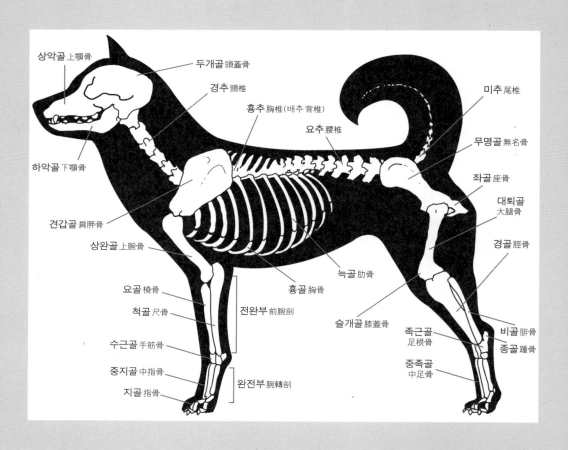

상악골 上顎骨
두개골 頭蓋骨
경추 頸椎
흉추 胸椎(배추 背椎)
요추 腰椎
미추 尾椎
하악골 下顎骨
무명골 無名骨
좌골 座骨
견갑골 肩胛骨
대퇴골 大腿骨
상완골 上腕骨
경골 脛骨
요골 橈骨
늑골 肋骨
흉골 胸骨
척골 尺骨
전완부 前腕剖
슬개골 膝蓋骨
족근골 足根骨
비골 腓骨
종골 踵骨
수근골 手筋骨
중지골 中指骨
완전부 腕轉剖
중족골 中足骨
지골 指骨

242

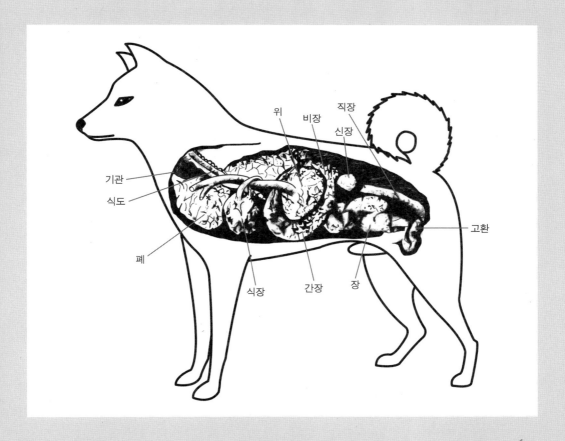

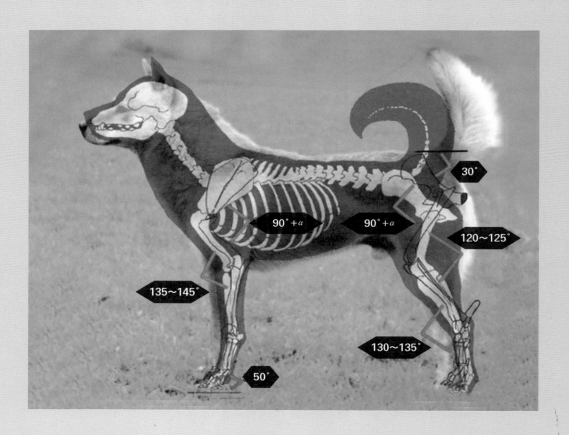

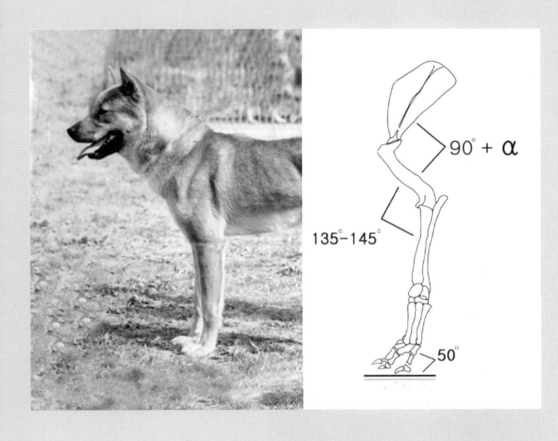

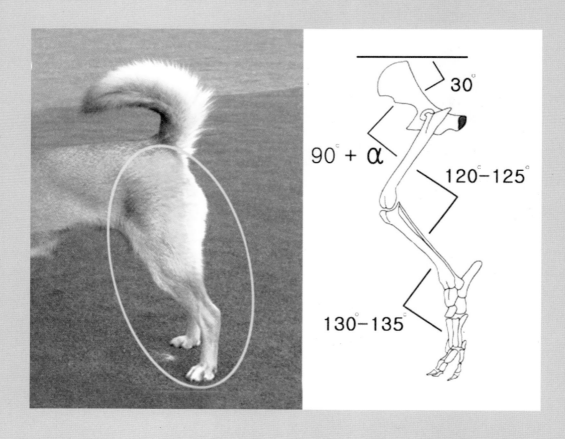

일반 외모 General Appearance

진도견은 균형이 잘 잡힌 중형견으로, 사냥견 및 반려견이다. 앞에서 볼 때 귀는 45도로 직립해 있으며, 꼬리는 처지지 않고 말려서 등 위로 올라가 있거나 장대 모양으로 되어 있다. 성품은 경계심이 강하고 민첩하며 위엄이 있다.

The Korea Jindo dog is a well-balanced medium-sized dog, a hunting dog and a companion dog. The ears are upright at 45 degrees from the front, and the tail is rolled up without sagging and is rolled on the back or has a pole shape. The character is vigilant, agile, and dignified.

세부평가 Detailed Evaluation

진도견은 개의 본질이 뚜렷해야 한다. 전체적인 밸런스가 조화로워야 하며 체구 균형이 바르고 탄력성과 유연성을 지녀야 하며, 등선은 바르고 단단하며, 이중모의 모질을 갖추고 있으며, 체구 구성과 근육이 발달해 있고 꼬리는 힘 있게 말려 등에 자연스럽게 올라가 있거나 장대 또는 낚시형 모양으로 전체적으로 아름답고 자연스

러워야 한다. 특히 서 있는 자세는 힘이 있고 자신감이 넘쳐야 한다.

Korea Jindo dogs must have a distinct nature. The overall balance should be harmonious, the body should be well balanced, have elasticity and flexibility, the back line should be straight and hard, have a double hair quality, the body composition and muscles are develo ped, and the tail should be curled up so that it is naturally placed on the back, or a pole or The overall shape should be beautiful and natural. In particular, the standing posture should be strong and full of confidence.

체고와 체장의 비율은 10:10.5이다.

체고: 지면에서 기갑 (어깨의 제일 높은 곳)

수: 50~55cm, 암: 45~50cm

체장: 앞가슴에서 엉덩이 끝부분

The ratio of body height to body length is 10:10.5.
height:ground to withers (highest point of the shoulder)
male: 50~55cm, female: 45~50cm
length: from the chest to the point of the buttocks

세부평가 Detailed Evaluation

진도견은 가정견과 사냥개로서 체고와 체장의 비율이 맞지 않으면 그 역할을 충실하게 할 수 없다. 허리가 짧거나 길면 유연성과 지구력, 힘이 떨어진다. 우리나라 지형 특성상 오랜 시간 활동할 수 있는 지구력이 필요하다. 야생에서 소동물이나 멧돼지를 사냥하기 위해서는 지구력과 유연성, 힘이 반드시 필요하기 때문이다.

KoreaJindo dogs are domestic dogs and hunting dogs, and cannot fulfill their role unless the ratio of height and length is correct. Short or long waists reduce flexibility, endurance, and strength. Due to the characteristics of Korea's topography, endurance to be active for a long time is required. This is because endurance, flexibility, and strength are essential to hunt small animals or wild boars in the wild.

* 전체적인 체구 구성각도가 바른 것은 신체 부위가 조화를 잘 이루고 있음을 의미한다.

* 올바른 체구 구성: 몸의 균형이 좋아서 사냥에 많은 영향을 준다.

신체비율 Body Proportions

두개골 부위와 주둥이 부위의 비율은 6:4이다.

The ratio between the skull and snout is 6:4.

1. 이마 길이 Forehead Length
2. 주둥이 길이 Snout Length
3. 두상의 길이 Head Length
4. 전구 Forequarters
5. 중구 Middle
6. 후구 Hindquarters

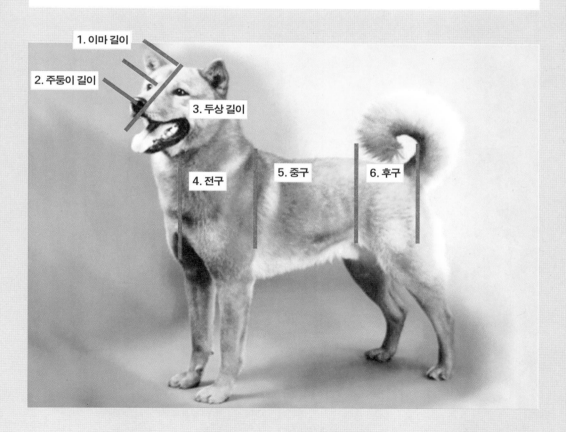

두부는 전체적으로 보아 위에서 내려다볼 때 역삼각형 모양이며 둔중하거나 조악한 인상을 주어서는 안 된다.

The head part has an inverted triangle shape when viewed from above as a whole and should not give a dull or coarse impression.

두개골 부분 Skull Part

두개골은 몸 크기에 비해 적당한 크기이다. 양 귀 사이는 머리 크기에 비해 적당한 넓이를 가져야 한다.

The skull is the right size for the body size. Between both ears should have a suitable width for the size of the head.

세부평가 Detailed Evaluation

진도견의 두부는 전체적으로 역삼각형의 얼굴 형태를 보여야 한다. 개의 종족표현에서 머리와 얼굴은 그 견종의 본질이기에 가장 중요한 부분이다.

The head of a KoreaJindo dog should show an inverted triangular face shape when viewed as a whole. The head and face are the most important parts of the dog's race expression as it is the essence of the breed.

머리 Head

진도견은 전체적으로 보았을 때 특히 머리의 생김새가 중요하다. 개의 본질인 종족표현을 하는 데 있어서 머리 부분은 가장 큰 비중을 차지하기 때문이다. 머리는 개들의 후각, 청각, 시각 등 주요 감각기관들이 있어 경계하고 사냥할 때 몸의 균형을 잡아주며, 뇌수를 수용하고 이들 기관들이 충분히 그 역할을 할 수 있도록 보호한다. 머리의 생김새가 본질에 많은 영향을 주는데, 머리의 형태가 유전하는 데 있어 얼굴에 미치는 영향이 가장 크기 때문이다.

Korea Jindo dogs are particularly important in the shape of their head when viewed as a whole. This is because the head is the most important part of the ethnic expression, which is the essence of the dog. The head keeps the dog's sensory organs in balance while alerting and hunting for olfactory, hearing, vision, and major sensory organs in the head, accommodating the brain and protecting these organs so that they can fully function. This is because the shape of the head has a lot of influence on the essence, so the shape of the head has the greatest effect on the face in inheritance.

얼굴 Face

진도견은 사냥개로서 정면에서 보면 원형을 이루면서 역삼각형이다. 수컷은 야성미 있는 강인한 인상을 주기도 하지만 얼굴이 조잡스럽지 말아야 하며, 암컷은 다소곳한 표정을 가지고 있어야 한다.

Korea Jindo dogs are hunting dogs that form a circular shape and have an inverted triangle shape when viewed from the front. Males may give a feral and strong impression, but their faces should not be crude, and females should have a rather gentle expression.

개의 종족적 표현과 기능은 머리의 형태와 얼굴에서 가장 잘 나타난다. 특히 얼굴은 본질을 이해하고 전체적인 조화를 판단하는 기준이 된다. 잘못된 성상은 차우차우, 아키타, 기슈견이 섞인 모습으로 개의 본질에 미치는 영향이 크므로 번식시켜서는 안 된다.

The dog's ethnic expressions and functions are best seen in the shape and face of the head. In particular, the face becomes the criterion of judgment that is in overall harmony to understand the essence. The wrong shape is a mixture of ChowChow, Akita, and Kishu dog, and it has a great effect on the nature of the dog, so it should not be reproduced.

주둥이 Snout

주둥이는 뭉뚝하게 크거나 위로 쳐들려 있으면 안 된다.

The snout should not be bluntly large or protruding upwards.

입술 Lips

입술은 검은색 또는 짙은 보라색으로 단단히 닫혀 있고 얇으며, 늘어져 있으면 안 된다. 윗입술이 아랫입술을 가볍게 덮고 있어야 한다.

Lips are black or dark purple, tightly closed, thin, and should not be sagging. The upper lip should cover the lower lip lightly.

세부평가 Detailed Evaluation

윗입술과 아랫입술은 팽팽하게 긴장되어 있어야 한다. 입은 강건한 치아, 아래위 턱, 주둥이 비율이 조화를 이루어야 한다. 입술의 색은 검은색이거나 짙은 보라색으로 윤기가 있으며, 평온할 때는 윗입술이 아랫입술을 살짝 덮고 있어야 한다.

입술은 얼굴표현에 있어서 자신감 넘치는 표정과 연관되어 있다. 입술이 늘어지면 대체적으로 피모 또한 늘어진다. 긴장하지 않을 때 침을 흘리는 경우가 많다.

짧은 입술은 사냥할 때 제대로 물지 못하거나 둔탁해 보인다. 입술이 늘어지거나 짧은 입술은 두개골 부위와 주둥이 비율이 맞지 않는 경우가 많으므로 기능적, 성형학의 미적 감각에서 조잡스럽게 보이며 종족표현에도 바람직하지 않다. 입술의 색은 붉은색이거나 살색 또는 흰색 빛을 보여서는 안 된다.

The upper and lower lip should be taut and tense. Mouth should be in harmony with strong teeth, upper jaw and snout ratio The color of the lips is black or dark purple, and when it is calm, the upper lip and the lower lip should be slightly covered.

Lips are associated with confident expressions in facial expressions. When the lips are drooping, the coat is usually also sagging. They often drool when they are not nervous.

Short lips look poorly bitten or dull when hunting. The sloping or short lips often look coarse in the functional and aesthetic sense, and are not desirable in ethnic expressions as they often do not match the ratio of the skull and muzzle. The color of the lips should not be red, flesh or white and is undesirable.

뺨 Cheek

잘 발달되어 있으며, 측면과 전면에서 볼 때 약간 둥그스름하여 코끝을 향하여 완만하게 좁아져 내려
간다.

It is well developed, slightly rounded when viewed from the side and front, and gently
narrows down toward the tip of the nose.

세부평가 Detailed Evaluation

뺨은 주둥이가 끝나는 부분의 근육이 발달되어 있다. 측면과 전면에서 볼 때 약간 둥그스름하며 주둥
이와 이마와 귓볼이나 눈매 아래 주름진 층이 지거나 얼굴을 볼 때 전체적으로 탄력 있게 조화로워야
한다. 뺨의 주름이 늘어지거나 얼굴에 비해 볼록살이 쪄 답답한 느낌을 주어서는 안 된다.

The cheeks have developed muscles at the end of the muzzle. When viewed from the
side and front, they are slightly rounded, and the muzzle, forehead, earlobe, or under
the eyes has a wrinkled layer, or when looking at the face, it should be elastic and
harmonious as a whole. The wrinkles on the cheeks should not be slackened or the
convex flesh compared to the face should not give a feeling of stuffiness.

눈 Eye

눈은 진한 갈색으로 머리 크기
에 비해 약간 작은 편이며 아몬
드 모양으로 매우 생기 있어 보
인다. 양 눈의 바깥쪽 부분은 귀
를 향하여 치켜올라간 듯한 모
양을 하고 있다.

The eyes are dark brown,
rather small in proportion
to the size of the head,
and the almond shape
looks very lively. The
outer parts of both eyes
are shaped as if they are
raised toward the ears.

254

세부평가 Detailed Evaluation

눈은 그 견의 전체적인 표현의 인상을 말할 수 있다. 진도견은 눈의 색이 진한 갈색이고 머리에 비해 크기가 약간 작은 편이고 아몬드형으로 매우 생기가 있으며 귀는 아래쪽을 향하여 치켜올라간 듯한 모양을 하고 있다. 특히 눈의 모양이 둥글거나, 귓볼에서 주둥이 쪽으로 급격하게 째진 눈매, 얼굴에 비해 눈이 작거나 돌출된 눈매는 바람직하지 않다. 눈 색은 붉은 홍채를 보이거나 노란 테두리, 짙은 검은색은 좋지 않다.

The eye can make an impression on the dog's overall expression. Jindo dogs have dark brown eyes, almond-shaped, slightly smaller in proportion to their head, and very lively, and their ears look as if they are raised upwards. Undesirable are eye shapes being round, eyes that are sharply slit from the earlobe toward the snout, and eyes that are small or protruding compared to the face. Not good are reddish iris, yellow border, or dark black color.

코 Nose

코는 검정색 또는 짙은 보라색이며, 모색이 백색일 경우에는 살색도 허용된다.

Black or dark purple. In case of white dog, flesh color is permitted.

세부평가 Detailed Evaluation

코는 사냥개들에게 매우 중요하고 가장 민감한 감각기관 중 하나이다. 콧구멍은 잘 뚫려 있는 모양이고 비강은 검고 윤기가 있어야 한다. 콧구멍이 작거나 들창코처럼 들려서는 안 된다. 특히 각질이 지거나 갈라진 비강, 상처를 입어 붉은 빛깔을 띠거나 잘린 비강은 기능을 올바르게 할 수 없다.

The nose is very important and one of the most sensitive sensory organs for hounds. The nostrils should be well-done, and the nasal passages should be black and shiny. The nostrils shouldn't be small or sound like a raised nose. In particular, a parenteral that is keratinized or cracked, or a parenteral that has been damaged and red, or is cut off, cannot function properly.

귀 Ears

귀는 중간 정도의 크기이고 삼각형 모양으로 도톰하고 힘차게 서 있다. 귀 뿌리는 머리보다 너무 높거나 낮게 위치하지 않으며 귓등은 전체적으로 보아 앞으로 약간 숙인 듯하면서 목 등의 선과 일치를 이룬다. 귓속 털은 부드럽고 밀생되어 있는 것이 좋다.

The ears are medium in size and stand tall and strong in a triangular shape. The ear roots are not positioned too high or lower than the head, and the back of the ear is generally viewed as a slight bowing forward, in line with the line of the neck. The hair in the ear should be soft and dense.

세부평가 Detailed Evaluation

귀는 감각기관 중 후각 다음으로 뛰어난 능력을 지니고 있다. 사냥하는 데 쓰이는 기능적 기관으로 소동물이나 들쥐의 소리, 멀리서 나는 소리를 들을 때 역할을 충실하게 수행하기 위해서 자유롭게 움직인다.

귀의 모양이 박쥐 귀이거나, 얼굴에 비해 귀가 작거나 큰 것은 바람직하지 않으며, 옆에서 볼 때 귀가 쫑긋이 직립으로 서 있거나, 삼각형의 모양이 굴곡지거나, 서지 않은 귀, 볼이 얇은 귀는 바람직하지 않다.

귀 폭은 성징 표현에서 얼굴의 형태를 변화시킬 수 있다. 귀의 폭이 넓거나 좁은 것은 시각적 기능이 떨어지므로 좋은 평가를 해서는 안 된다.

The ear is the second most powerful sensory organ after the sense of smell. As a functional organ for hunting, it moves freely to fulfill its role when listening to small animals, field mice, and sounds from a distance.

Undesirable are the shape of the ears being bat ears, the ears small or large compared to the face, the ears standing upright when viewed from the side, the shape of the triangle being curved, the ears that are not standing, and the ears with thin leather.

The width of the ear can change the shape of the face in the expression of sexual characteristics. Those with wide or narrow ears should not give good evaluation because their visual function is poor.

액단 Stop

액단은 확실하나 급경사를 이루지 않는다.
액단: 이마와 주둥이가 만나는 부분

The stop is distinct, but it does not make a steep slope.
Stop: the part where the forehead and muzzle meet

세부평가 Detailed Evaluation

액단은 얼굴의 종족표현에서 본질의 형태를 바꾸는 기준이 되기도 한다. 머리에서 이마와 주둥이가 만나는 부분으로, 진도견의 액단은 확실하게 구분되나 액단이 꺾이거나 액단이 구분 없이 흐르는 것은 바람직하지 않다.

액단의 구분이 없으면 주둥이가 길게 보이며, 물기 위한 힘의 전달이 약하다. 주둥이가 길고 액단의 구분이 없으면 얼굴 형태가 길어진다. 주둥이가 짧고 액단이 꺾이면 해부학적 사냥을 하기 위해서 기능적인 악력이 약해지며 후각을 사용하는 능력 또한 떨어지며 지구력도 약하다.

액단이 꺾이고 짧으면 이마도 짧아지며 얼굴 형태도 바뀌게 된다. 바람직한 진도견은 액단에서 본질이 표현되므로 액단은 중요한 역할을 한다.

When it comes to the expression of the race of the face, it is also a standard for changing the shape of the essence. The part where the forehead muzzle meets the head of the Jindo dog is clearly distinguished, but it is not desirable that the stop is abrupt or the stop flows without distinction.

If the stop is not divided, the snout looks long, and the transmission of power to bite is weak. If the snout is long and there is no distinction between the liquid end, the shape of the face becomes longer. If the snout is short and the stop is abrupt, the functional grip for anatomical hunting is weakened, the ability to use the sense of smell is also reduced, and the endurance is weak.

If the stop is abrupt and short, the forehead becomes shorter and the shape of the face changes. Desirable Jindo dogs play an important role, expressed in essence at the stop.

이빨은 매우 강하고 정상교합이며 개의 치아 개수는 총 42개이다.

상악: 20개, 하악: 22개

The teeth are very strong, normal occlusal, and the total number of teeth is 42.

Maxillary: 20, Mandible: 22

세부평가 Detailed Evaluation

개의 교합은 정상교합이어야 한다. 이빨은 상악 20개, 하악 22개로 총 42개이다. 문치는 아랫니 6개, 윗니 12개, 송곳니 (견치)는 2개씩 총 4개, 앞 어금니(전구치)는 위아래 8개로 총 16개, 어금니(후구치)는 위 4개, 아래 6개로 총 42개이다.

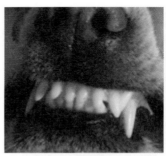

진도견의 치아는 조화롭게 발달해야 하며 강건해야 한다. 특히 교합은 정상교합이며, 교합이 오버교합, 언더교합, 주둥이가 뾰족하여 문치가 틀어지거나 바르지 않은 치열을 가진 견은 작업 능력이 떨어지고 잘 물지도 못하지만 가장 큰 문제는 유전적으로 미치는 영향이 매우 크므로 실격이 가능하다.

또한, 3개 이상의 결치 또한 장려하지 않는다.

The dog's bite must be normal. There are 20 teeth in the upper jaw and 22 in the mandible, a total of 42 teeth.

There are 6 lower and 6 upper incisors, 2 lower and 2 upper canine teeth, 8 lower and 8 upper front molars (premolar teeth), 4 upper and 6 lower molars (posterior teeth). A total of 42 teeth.

Jindo dog's teeth must develop harmoniously and be strong. In particular, the occlusion is a normal bite, and dogs with a twisted or incorrectly dentition due to overbite, underbite, and a sharp muzzle will lose their ability to work correctly and cannot bite well, but the main reason is that the genetic influence is very large. Disqualification is possible.

Also, no more than three missing teeth are encouraged.

시저스 바이트 Scissor Bite

정상교합으로 입을 다물었을 때, 위 절치의 안쪽에 아래 절치의 바깥쪽이 약간 접해 가위처럼 맞물린 것

When the mouth is closed due to normal occlusion, the outer side of the lower incisor slightly touches the inside of the upper incisor and is engaged like scissors

시저스 바이트

레벨 바이트 Level Bite

절단교합으로 입을 다물었을 때, 상악과 하악의 절치가 바이스처럼 접합 교합

When the mouth is closed, the incisors of the maxilla and mandible are joined like a vise

레벨 바이트

오버샷 Overshot

상악의 절치가 하악의 절치보다 앞쪽으로 지나치게 나온 교합

Occlusal with maxillary incisor protruding more forward than mandibular incisors

오버샷

언더샷 Undershot

오버샷과 반대로, 하악의 절치가 상악의 절치보다 앞쪽으로 지나치게 나온 교합

In contrast to overshot, occlusion in which the mandibular incisor protrudes beyond the maxillary incisor

언더샷

치아 명칭도/
치아 구조
Tooth Name/
Structure

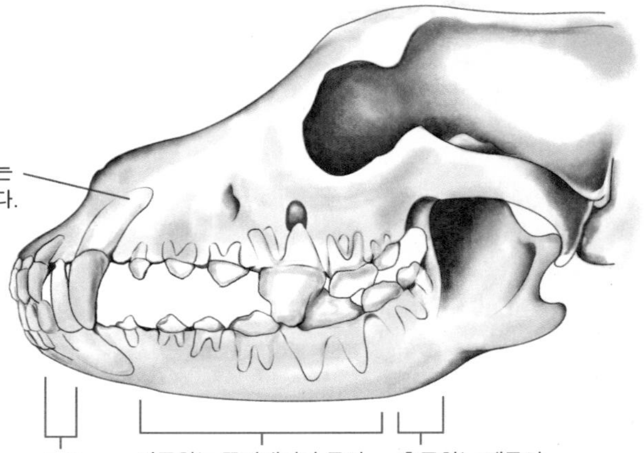

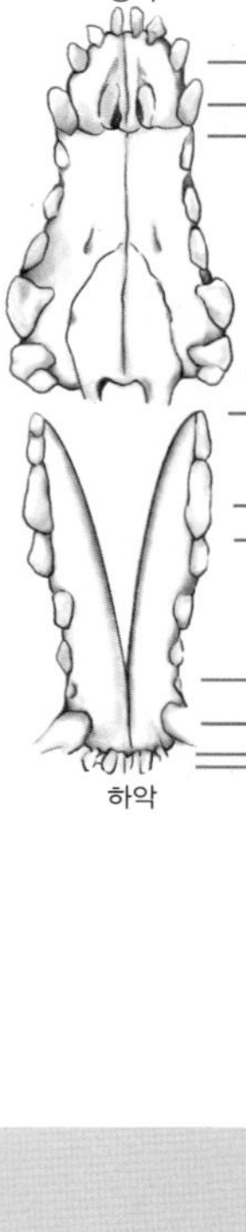

견치의 뿌리는
치아보다 크다.

문치

전구치는 끊어내거나 물어
뜯는 데 알맞게 되어 있다.

후구치는 깨물어
부수는 데 알맞게 되어 있다.

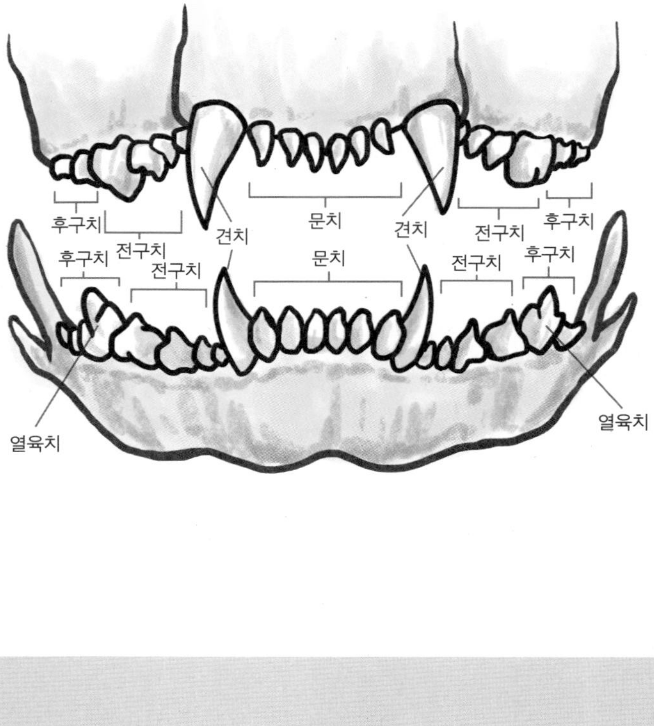

후구치 전구치 견치 문치 견치 전구치 후구치

후구치 전구치 문치 전구치 후구치
전구치

열육치

열육치

상악

6본의 문치

2본의 견치

8본의
전구치

4본의
후구치

6본의
후구치

8본의
전구치

2본의 견치

4본의 문치

하악

목 Neck

목은 균형이 잘 잡히고 두꺼우며, 근육이 잘 발달되어 있고 강하다. 목은 평상시 힘차고 자랑스럽게 곧게 세우며, 긴장 시에는 아치형을 이룬다.

The neck is well balanced and thick, and the muscles are well developed and strong. The neck is usually strong and proudly erect, and when tense it is arched.

세부평가 Detailed Evaluation

목은 7개의 경추골로 이루어져 있다. 굵기는 적당하며 힘이 있고 단단한 근육이 발달되어 있어야 하며, 얼굴과 일반적 외모와 조화를 이루어야 한다. 목은 머리를 지탱하는 역할을 해주면서 무게 중심의 방향 전환을 돕는 역할을 한다. 특히 사냥할 때 목의 역할은 중요하다. 사냥감을 물고 좌우로 흔들 때 힘의 전달과 근육의 발달 유연성이 필요한 이유이다.

목이 짧으면 머리를 지탱하기는 수월하지만 걸음걸이, 속보, 고개를 숙여 사냥감의 냄새를 추적하는 데 적합하지 않다. 목이 가늘고 길면 무는 힘이 약하고 목이 짧거나 길면 해부학적·기능적으로 미달되기도 하며, 목주름이 늘어지면 건조도에서 떨어지므로 좋은 평가를 해서는 안 된다. 개의 보행 시 고개를 세우고 걷기보다 약간 숙이고 움직이며 평상시에는 45도 정도로 목을 가볍게 든 자세를 취한다. 지나치게 목을 치켜들거나 앞으로 고개를 숙인 자세는 진도견다운 모습이 아니다.

The neck consists of 7 cervical vertebrae. It should be moderate in thickness, have strong and faithful muscles, and should be in harmony with the face and general appearance. The neck plays a role in supporting the head and helping to change the direction of the center of gravity. In particular, the role of the neck when hunting is important. This is why the transfer of power and flexibility of muscle development are necessary when biting the game and shaking it left and right.

If the neck is short, it is easy to support the head, but it is not suitable for tracking the smell of prey by walking trotting, or bowing. If the neck is thin and long, the biting power is weak, and if the neck is short or long, the anatomical function may be insufficient. If the neck wrinkles are stretched, the dryness decreases, so a good evaluation should not be made. When the dog is walking, raise its head and move it slightly lower than walking. A posture that raises his neck excessively or lowers his head is not like a Jindo dog.

가슴 Chest

강하고 적당히 깊으며, 너무 넓지 않아야 한다. 흉심의 가장 깊게 내려온 선은 앞다리굽이 부위보다 약간 위에 위치해 있는 것이 좋으나 어느 정도의 수평은 허용된다. 늑골은 탄력성이 있고 가슴의 근육은 잘 발달되어 있다.

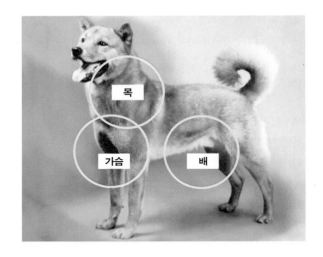

Strong, moderately deep, not too wide. It is recommended that the line that descends the deepest of the chest is located slightly above the forelimb bend, but some level of horizontality is allowed. The ribs are elastic and the muscles of the chest are well developed.

배 Belly

늘어지지 않고 위로 긴축되게 붙어 있다. It does not sag. Sticks tightly up.

세부평가 Detailed Evaluation

배는 밑 가슴 쪽에서 옆구리 부분을 말한다. 배의 역할은 소화기계통을 저장하는 곳이기도 하지만 배는 날씬하고 탄력이 있으며 긴축되어 있다. 아랫배가 살이 찌거나 탄력이 없고 배가 부르면 작업 능력은 떨어진다. 특히 암컷이나 수컷 모두 배가 나오면 지구력이 떨어질 뿐만 아니라 쉽게 지친다. 이와 반대로 너무 말라 배가 허리에 붙은 느낌을 주는 경우도 있다. 이것은 건강 상태, 운동 상태를 말하기도 하므로 좋은 평가를 해서는 안 된다. 배는 위로 붙어 있고 근육이 잘 발달되어 긴축되어 있어야 한다.

The belly refers to the side of the lower chest. The belly's role is also to store the digestive system, but the belly is slim, resilient, and tight. If the belly is gaining weight or lacks of elasticity, and the stomach is full, the work ability decreases. Particularly, when both females and males have their stomachs extended, endurance is not only reduced, but they are easily exhausted. On the contrary, there are cases where the stomach is too dry, giving the feeling of being attached to the waist. This is also a state of health and exercise, so it should not be evaluated well. The stomach should be attached to the top and the muscles should be well developed and tightened.

등 Back
탄탄하며 똑바르다. Solid and straight.

세부평가 Detailed Evaluation
등은 탄력이 있고 바르다. 등과 허리에 이르기까지 바른 체형을 유지하지 못하면 사지 구성에서 가장 큰 변화를 가져온다. 등은 해부학적으로 기갑, 등, 허리로 나누며 기갑에서 십자부 부분을 등이라고 한다.

　등은 보행 시 나타나는 힘을 전달하는 원천이 된다. 체장이 길면 해부학적 밸런스가 맞지 않는다. 체장이 길면 흔들림이 많아지고 보행 시 균형이 깨지게 된다. 체장이 짧으면 상보나 속보로 걸어갈 때 상보나 속보 시 사지각도가 맞지 않기 때문에 보행 또한 대체적으로 경쾌하지 못하다. 굽은 등, 등선이 꺼진 등은 오랜 시간 걷는 지구력 보행에 많은 지장을 줄 수 있기 때문에 번식에 적합하지 않다.

The back is elastic and straight. Failure to maintain the correct body shape all the way to the back and waist brings about the biggest change in the composition of the limbs. The topline is divided into withers, back, waist, and the pelvic arch.

　The back becomes the source of the power that appears when walking. If the body length is long, the anatomical balance is not right. The longer the body is, the more shaking it is and the balance is broken when walking. If the body length is short, walking is generally not light because the angle of perception does not match when walking gallop than walking with exercise. A bent back is not suitable for breeding because it can interfere with endurance walking for a long time.

허리 Waist
근육이 잘 발달되어 있고 탄력이 있으며 가늘고 흉곽보다 좁아야 한다.

The muscles should be well developed, elastic, thin, and narrower than the rib cage.

몸통 Body

세부평가 Detailed Evaluation

허리는 등과 아랫배에 힘을 전달하는 역할을 한다. 허리 부위는 뼈가 서로 단단히 결합되어 있어 움직이지 않는다. 허리는 근육이 잘 발달되어 있고 탄력이 있으며, 가늘고 흉곽보다 좁아야 한다. 허리는 걷거나 속보 시 등과 더불어 상하좌우 흔들림이 없어야 한다.

The lower back serves to transmit strength to the back and lower abdomen. The waist area is not moving because the bones are tightly bonded to each other.
  The waist should have well developed muscles and elasticity, and should be thin and narrower than the thorax. The waist should not shake up and down along with the back when walking or breaking.

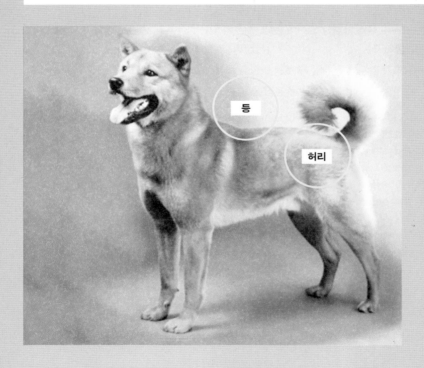

KOR. CH 순동 한우리

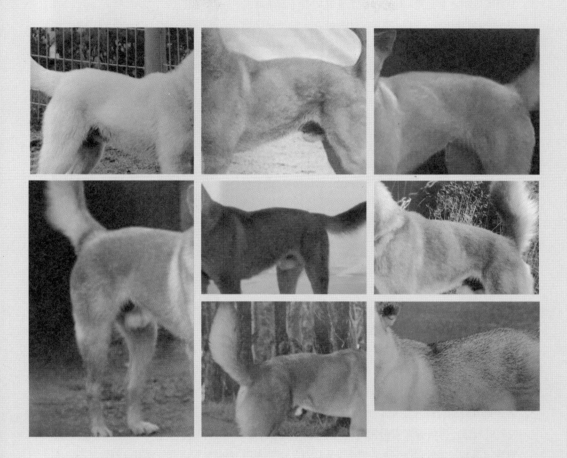

꼬리의 길이는 밑으로 내렸을 때 그 끝이 비절에 닿아야 한다. 꼬리의 뿌리는 약간 높은 곳에 위치하고 힘차게 서 있어야 하며 걸어갈 때 좌우로 움직여서는 안 된다. 모양은 장대형이거나 말려 있으며 꼬리의 끝은 등 또는 옆구리에 닿는다. 꼬리는 심하게 말려 있으면 안 된다. 꼬리는 소담스러운 털로 덮여 있다.

When the length of the tail is lowered, the end of the tail should touch the hock joint. The root of the tail should be located a little high and stand strong and should not move left or right when walking. The shape is long or rolled, the later having the tip of the tail touch the back or side. The tail should not be heavily curled. The tail is covered with modest fur.

세부평가 Detailed Evaluation

꼬리는 힘차고 굵으며 바르게 발달되어 있어야 한다. 꼬리는 진도견 특징 중 성품을 알 수 있다. 소극적인가 자신감이 넘치는가를 알 수 있다. 또한, 꼬리는 기질 상호 간의 의사소통, 방향전환, 도약과 정지, 움직일 때 체구의 균형과 민첩성을 잡아주는 역할을 한다. 꼬리에 있어 가장 중요한 요소 중 하나는 꼬리 끝까지 힘을 전달할 수 있는 유연성이다. 힘 있는 꼬리는 뼈가 굵어야 하며 근육이 잘 발달되어 있어야 한다.

꼬리의 형태는 등에 살짝 말린 꼬리, 장대형 꼬리, 낚시형 낮꼬리가 대표적이며 특히 말린 꼬리는 심하게 말리지 않고 해부학적으로 자연스러운 미가 있어야 한다. 번식상 장려하지 않거나 전람회 견으로 바람직하지 않은 꼬리, 꼬리가 비틀어지거나 꽈리형으로 과도하게 말린 꼬리, 꼬리가 길어 좌우로 말리는 형태가 작고 과하게 등에 붙은 꼬리, 장대 꼬리가 한쪽 방향으로 쏠린 꼬리, 꼬리가 짧거나 긴 꼬리, 잘린 꼬리, 가는 꼬리, 인위적으로 만든 꼬리는 작업 능력이 현저히 떨어지기도 하지만 이러한 꼬리를 가진 견은 유전에도 많은 영향을 줄 수 있으므로 번식과 도그쇼에 바람직하지 않다. 장대형 꼬리

꼬리 Tail

중 등선을 넘지 않고, 뒤로 뻗은 꼬리는 장려하지 않는다.

꼬리의 위치도 매우 중요하다. 꼬리의 위치는 미근부 끝부분 좌골단에서 항문 윗부분으로 수직이 되며 힘 있게 말아 올리는 것이 좋으며 꼬리의 위치가 처져 올라가면 보행에도 많은 차이점을 보이기도 한다. 개가 운동할 때 몸의 균형을 잡아준다. 서 있을 때 엉덩이를 흔들거나 보행 시 꼬리가 좌우로 심하게 움직이면 꼬리의 위치도 참고로 본다.

The tail should be strong, thick and well developed. The tail is one of the characteristics of Jindo dogs. One can see whether a dog is passive or full of confidence. In addition, the tail plays a role in maintaining balance and agility of the body during communication between temperaments, change of direction, leaps, stops, and moves. One of the most important factors in the tail is the flexibility to transmit force to the tip of the tail. A powerful tail should have thick bones and well-developed muscles.

As for the shape of the tail, a slightly curled tail, a long tail, and a sickle fishing-type tail are typical. Especially, the curled tail should have natural anatomical beauty without being curled severely. Tails that are not encouraged in breeding or are not desirable in an exhibition dog: twisted tails, excessively curled tails, tails that curl from side to side due to being long, tails touching the back excessively, long tails skewed in one direction, short tails, long tails, truncated tails, thin tails, and artificially made tails that may significantly degrade working ability. Dogs with such tails are not desirable for breeding and dog shows as the tail can have a significant effect on heredity. Long and large tails that do not cross the top line but extend back is not encouraged.

In particular, the position of the tail is also very important. The position of the tail is vertical from the sciatic end of the tail root to the upper part of the anus, and it is good to rise up with force. When a dog is exercising, the tail's role is to help balance the body. If the dog shakes its hips while standing or if the tail moves from side to side while walking, the position of the tail is also considered as a reference.

다양한 꼬리 모양 (G) Various Tail Shapes (Lower Grade)

전구 Forequarters

앞다리는 앞에서 볼 때 곧고 평행을 이룬다.

Forelimbs straight and parallel when viewed from the front.

세부평가 Detailed Evaluation

앞에서 볼 때 가슴이 좁아 전구의 앞다리가 붙거나 O자형 다리 또한 기능적으로 쉽게 지친다. 발목 (완전부) 다리가 바깥쪽으로 돌아가거나 발목이 안쪽으로 굽은 상태는 걸어갈 때 팔자형으로 보이며 흔들림이 심하므로 바람직하지 않다.

When viewed from the front, chests that are narrow where the front legs are attached as well as o-shaped legs lack function and easily tire. The state where the leg is turned outward or the pastern is bent inward is not desirable because it looks like a splayed shape while walking and it is not desirable as it shakes severely.

앞다리 Forelegs

어깨: 어깨는 강하고 힘이 있으며, 등선과 안정된 각도로 적절히 놓여 있다.

발꿈치: 몸에 가깝게 위치하고 있으며 안쪽 또는 바깥쪽으로 굽어져 있어서는 안 된다.

발목: 발목은 곧고 바르며 발 사이 굽은 자세를 보여선 안 된다.

앞발: 고양이 발 모양이며 발가락은 약간 짧고 원형이며 단단하다. 발톱은 강하고 검은색이 좋다. 발바닥은 두껍고 단단하며 탄력이 있다.

shoulder: Strong and powerful and well laid back.
elbow: Close to the body, turned neither in nor out.
pastern: Slightly slanting forward when viewed from side.
front paw: Cat feet. Toes rather short, roundish, compact, and tight. Nails strong, black colored is preferred. Pads thick and well-cushioned.

세부평가 Detailed Evaluation

앞다리 부위는 어깨는 상완골과 견갑골이 적절한 길이와 경사로 근육이 발달되어 있다. 발목 경사가 심하지 말아야 한다. 발목이 과도하게 꺾이면 오랜 운동에 쉽게 지치기 때문이다. 앞발은 발가락이 벌어져 있거나 발등은 고양이 발처럼 모아지며 원형의 탄력이 있고 단단해야 하지만 앞 발등에 살이 없고 긴 발가락은 쉽게 지치고 오랜 시간 활동하기가 어렵다. 옆에서 볼 때 앞다리는 안정적이고 견갑골, 상완골, 요골, 완전부의 각도가 알맞아야 하며 그래야 보행 시 안정적인 모습을 볼 수가 있다. 걸음걸이는 보폭이 안정되며 사지구성의 각도와 균형이 함께 맞아야 한다.

When looking at the forelimbs, the shoulders are well developed, and the humerus and shoulder blades are at the appropriate length and incline. The pastern should not be severe. This is because if it is bent excessively, it is easy to get tired and affects long athletic ability. The forepaw is gathered like a cat's paw, has circular elasticity, and should be firm. A forepaw that is fleshless and have long toes are easily tired and is difficult to use for a long time. When viewed from the side, the forelimbs are stable, and angulation should be appropriate with a stable appearance when walking. The gait must be in balance with the angle and have a stable stride length.

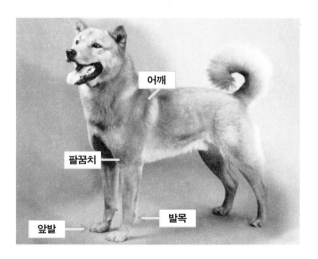

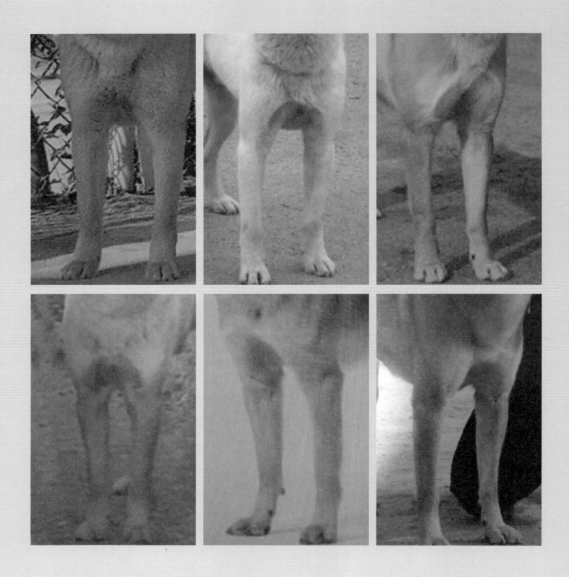

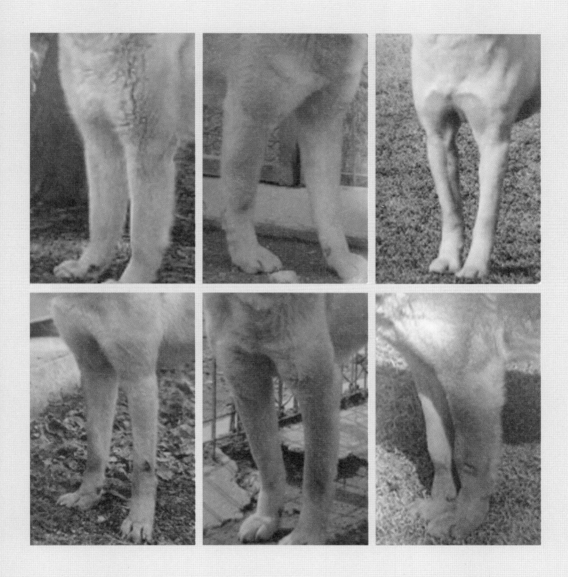

후구 Hindquarters

대체적으로 진도견의 후구는 측면에서 볼 때 좋은 각도를 이루고 있으며, 뒤에서 볼 때 두 다리가 꼿꼿하게 평행성을 그으며 서 있다. 따라서 과도한 광답이나 협답은 좋지 않다.

When viewed from side, the hindlegs are moderately angulated; when viewed from the rear, hindlegs stand straight, parallel and neither too wide nor too close.

세부평가 Detailed Evaluation

뒤에서 볼 때 서 있는 자세는 두 다리가 꼿꼿하게 일직선으로 당당해야 한다. 뒤에서 봤을 때 비절 부위가 X자로 돌아가 있거나 뒷다리가 엉덩이 부분에서 좁게 붙어 있거나 O자형 자세는 바람직하지 않다. 서 있을 때 후구의 각이 없고 지세가 바르지 않으면 보폭과 걸음걸이가 바람직하지 못하고 운동효과 또한 떨어진다. 특히 이러한 자세는 골격과 사지구성 각도가 변한다.

When viewed from the back, the standing position should be standing confidently with both legs upright and in a straight line. When standing from the back, if the hock is rotated in an x-shape, if the hind limbs are narrowly attached to the hips, or if the posture is inwards, then it is not desirable. When standing, if the hindquarter angle and the croup Is not correct, the stride length and gait are not desirable and exercise is inferior.

뒷다리 Hindlegs

대퇴부 Thigh
잘 발달되어 있다. Well-developed.

비절 Hock
아랫쪽으로 잘 발달되어 있으며 우족같이 곧아서는 안 되며 좋은 각을 이루고 있다.

Well-developed in the lower part. Should not be straight like an elbow. Has good angle.

뒷발 Hindfeet
앞발과 거의 같다. Almost the same as the forefeet.

슬관절 Stifle
적당한 각도를 이룬다. Proper angle.

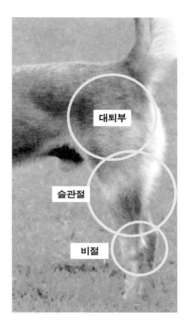

세부평가 Detailed Evaluation
옆에서 볼 때 뒷다리가 곧게 뻗어 있거나 비절의 경사가 없을 때, 고관절, 대퇴골, 비절의 각도가 부족 할때 보행과 운동에 너지는 쉽게 지치고 밸런스 또한 바람직하지 않다. 빈약한 대퇴부의 무른 근육 뒷발이 벌어지거나 근육이 없이 무르면 안 된다. 앞다리, 뒷다리는 전체적인 밸런스를 이루고 있어야 한다. 슬관절 각도 또한 전체적인 각이 부족하면 서 있을 때 움직임이 많고 올바른 체형을 유지할 수 없다.

When viewed from the side, when the hindleg is straight or there is no angle in the hock, when the angle of the hip joint, femur and hock is insufficient, the walking and kinetic energy are easily exhausted and the balance is not desirable. The front and hind legs should be in overall balance. Also, if the overall angle is insufficient, there is a lot of movement and cannot maintain a correct body shape.

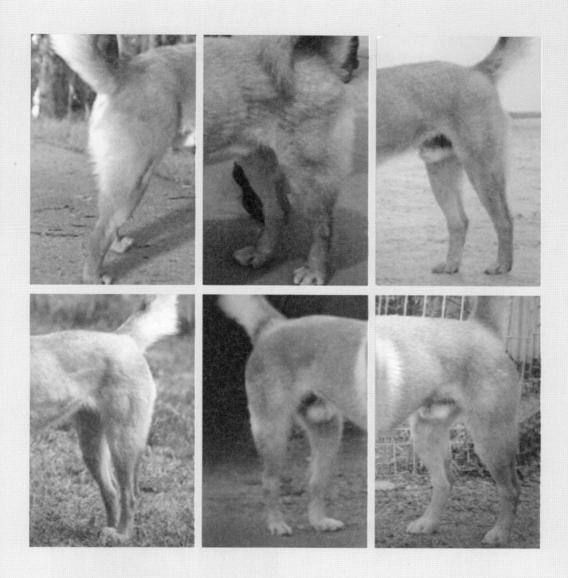

피모는 이중모로 되어 있다. 하층모는 부드럽게 밀생되어 있으며 색깔은 엷으나 상모를 지지해줄 만큼은 되어야 한다. 상층모는 빳빳하고 몸통에서 약간 밖으로 솟아 있다. 몸통의 털에 비해 머리, 네 다리및 귀의 털은 짧고 목, 어깨 및 등의 털은 길다. 꼬리와 대퇴부 뒷부분의 털은 다른 부분의 털보다 길다.

The Korea Jindo Dog has a double coat. Undercoat is soft, dense, light in color, but sufficient to support the outercoat. Outercoat is stiff and stands somewhat off body. Comparing with the hair of the body, the hair on head, legs and ears are shorter and the hair on the neck, withers, back and rump is longer. The hair on tail and back of thighs is longer than on the rest of the body.

세부평가 Detailed Evaluation

진도견의 피모는 겉 털이 곧고 강하며 속 털은 부드럽고 밀생되어 있으며, 윤기가 있는 건강한 이중모이다. 몸통의 털에 비해 머리, 옆 가슴, 네 다리 및 귀의 털은 짧고 목, 어깨, 배, 꼬리 바깥쪽의 털은 길다.
 털의 역할은 추위로부터 몸을 보호한다. 이때의 기능은 속 털과 겉 털의 바람직한 이중모의 역할이다. 피모가 바람직하지 않은 것은 털이 짧은 단모, 이와 반대로 속 털이 밀생되어 있지 않거나 장모의 피모, 곱슬거리는 피모다.

Korea Jindo dog's coat is straight and strong on the outside, soft and dense on the inside, and is a healthy double-haired coat that is shiny. Compared to the hair on the body, the hair on the head, side chest, four legs, and ears are short, and the hair on the outside of the neck, shoulders, stomach, and tail is long.
 The role of fur protects the body from the cold. The desirable double hair of the inner and outer coats serves this function. The unfavorable hair is short hair, on the contrary, the inner hair is not dense, long hair, curly hair is not desirable.

모색 Coat Color

진도견은 일반적으로 황구, 백구, 흑구, 블랙탄, 재구(울프 그레이), 호구가 있다.

Jindo dogs are generally yellow, white, black, black and tan, yellow gray (wolf gray), and tiger (brindle).

황구 Yellow

세부평가 Detailed Evaluation

황색 Yellow

진도견은 황구, 백구, 흑구, 블랙탄, 재구, 호구 등의 다양한 모색을 지니고 있다. 진도견은 순수색이라 하더라도 전체의 모색이 하나로 이루어져 있지는 않다. 황색이더라도 몸 전체 가 황색은 아니다. 턱밑과 가슴, 꼬리 바깥쪽, 앞뒷다리 안쪽 이 황색과 백색의 비율을 이루고 있다.

Jindo dogs have a variety of colors such as Hwanggu, Baekgu, Heukgu, Black Tan, Jaegu, Hogu. Even if the Jindo dogs are called one color, examination of the dog reveals they are not one color. Even if it is yellow, the whole body is not yellow. It has a ratio of yellow and white under the chin, chest, outer tail, and inner front and hind legs.

황구의 모색 중 바람직하지 않은 것은 짙은 황구, 붉은 황구, 미색의 황구, 모색이 뚜렷한 이백의 색, 이백의 색이 균형이 맞지 않거나 과도한 이백모색, 흰색이 많은 경우이다. 색소는 유전이 강함으로 바람직하지 않다. * 이백성이 강한 진도견은 장려하지 않는다.

For Hwanggu, the dark yellow, reddish yellow, off-white yellow is not desirable. Dogs with white eye spots are not desired to have clear hair color in their eye spots. Unbalanced white or excessive white is not preferred because the inheritance is strong. *Dogs with strong white eye spots are not encouraged.

백색 White

진도견은 순수 백색보다는 미색이 어우러진다. 귀 끝, 뒷다리에 엷은 황색의 미색을 보인다.

Jindo dogs have an off-white color rather than pure white. The tip of the ears and the hind legs are pale yellow and off-white.

백구 White

순백색 Pure White

순백색은 결점이 아니다. 순백색의 색소를 가지고 태어나는 경우, 흑구, 블랙탄(네눈박이)에서 태어난 백구가 순백색의 모색을 나타나기도 한다. 백구에서의 바람직하지 못한 모색은 아이보리의 모색과 미색이 전체적으로 덮여 있는 경우다.

The pure white color is not a flaw. When born from a black & tan or black, the pigment may appear pure white. The color that is not desirable in Baekgu is that of ivory, and the color that is covered with off-white as a whole is not preferable.

흑구 Black

흑구는 검은색으로 보이지만 햇볕 아래에서는 털끝에 붉은색을 보인다. 흑구의 가슴, 다리에 흰색의 털이 비치기도 하지만 그 범위가 크거나 조잡한 모색을 보이지 말아야 한다.

The black dog looks black, but under the sun, the tip of the there is red. Although white hairs on the chest and legs are visible on a black dog, it should not be large or coarse.

흑구 Black

흑갈색 Black & Tan

블랙탄의 고유의 색은 검은색과 황색이 조화로워야 한다. 네눈박이는 뺨, 턱밑, 목 밑, 배 안쪽, 꼬리 바깥쪽의 모색을 보인다. 모색의 범위가 전체적으로 조화를 이루어야 하나 조잡스럽게 퍼진 갈색, 블랙에 검은색 털에 가까운 갈색이 넓게 퍼지거나, 갈색의 구분이 없는 것은 바람직하지 않다.

Blacktan's own color should be in harmony with black and yellow. Four eyed cheeks, under the chin, under the neck, inside the stomach, and outside the tail. Although the range of color should be harmonized as a whole, it is not desirable to have a crudely spread tan, a black-to-white tan, or to have no distinction.

흑갈색 Black & Tan

재구 Wolf-Grey

모색이 재색 빛깔을 보이지만 그 색이 너무 짙거나 검은 모색이 많은 것은 바람직하지 못하다.

It is not desirable that the color is too dark or that there are many dark shades.

재구 Wolf-Grey

호구 Brindle

호랑이 무늬의 모색을 지니고 있으며, 줄이 들어간 부분의 간격은 조화를 이루어야 한다. 검은 모색이 많거나 호피색이 많으면 조화롭지 않다.

The tiger pattern has a color, and the spacing between the strings should be harmoni-ous.

이 외에 바둑이 모색도 있다. 일반 외모에 전체적으로 점의 모양이 균형을 이루어야 한다.

Comment about baduki (pinto).

호구 Brindle

* 알비노 및 퇴색된 모색은 결함이다. Albino and lack of skin pigment is a DQ fault.

진도견의 보행은 힘 있고 안정적이며, 보행 시에 등을 수평으로 똑바르게 유지한다. 속보 시 머리를 위로 하여 걸으며 속력을 낼 때는 머리가 어깨 수준까지 내려온다. 꼬리의 윗부분은 운동 방향에 따라 약간씩 움직인다.

The gait of Korea Jindo Dog is powerful and steady. The back should remain firm and level. He trots carrying his head high, but when speed increases, the head is carried rather low, almost at the level of the shoulders. The upper part of the tail moves slightly according to the change of direction of the dog.

세부평가 Detailed Evaluation

고개를 바짝 들고 걷거나 고개를 숙이고 걷는 경우, 걸어갈 때 등이 좌우로 움직이고 꼬리가 좌우로 심하게 흔들리거나 꼬리가 처지는 경우, 전구와 후구 보폭이 바르지 않은 보행 등 전체적인 걸음걸이를 체크한다. 견종 표준에서 벗어나는 형태에서 전구, 후구, 체구 비율, 바람직한 사지구성 각도, 밸런스를 하나하나 체크한다.

When walking with the head upright or head down, if the back moves from side to side, if the tail is shaking side to side, if the tail droops, check to see if the forequarters and hindquarters are not correct. When the form deviates from standard, check one by one the forequarters, the hindquarters, the body size ratio, the desire limb angulation.

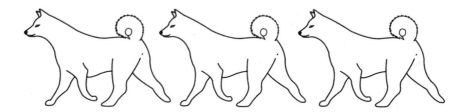

보양이란 걸음걸이 모양을 의미하고 다리를 움직이는 방법을 운보라고 하며 어느 지점에서 어느 지점으로 나가는 것을 이동운동 또는 전진운동이라 한다.

The term "movement" means a step in walking, and the way the bridge moves, and the movement or forward movement from a point to a point is called "moving motion."

걸음걸이 Gait

게이트 Gait
보양 (개가 걷는 걸음걸이 모양)

Movement (The shape of the dog's gait)

드라이브 Drive
추진력. 뒷다리가 몸을 앞쪽으로 밀고 나아가는 힘

The force of the hindlegs pushing the body forward.

롤링게이트 Rolling Gait
보행 중에 몸이 옆으로 흔들리는 보양

Body shakes sideways while walking

무빙 웰 Moving Well
밸런스가 잡힌 보양

Balanced movement

트로트 Trot
속보(빠른 걸음). 보통 걸음보다 빠르며 우측 앞발과 좌측 뒷발이 동시에 닿는 걸음

Trotting/Gaiting. Faster than a walk

파행 Lameness
사지의 어느 쪽도 안정되지 않고 불규칙한 보양

Extremities are unstable and irregular

오버리칭 Overreaching
견체 구선의 결함에서 생긴 보양으로, 앞발을 넘어 과도하게 뒷발을 내미는 것

Health resulting from a defect in the rigid spherical line, excessively extending the foot of the hind toe beyond the front toe.

액션 Action
활동행위 Action movement

앰블 Amble
측대보. 한쪽 앞다리와 뒷다리를 동시에 올려 걷는 보양. 예) 올드 잉글리시 쉽독

Pacer. For example, walking on one front leg and the other at the same time). like an Old English Sheepdog.

워크 Work
보통 걸음. 4보조(해당 견종에게 가장 자연스럽고 중심이 안정된 걸음걸이)

Normal walk. (The most natural state, a stable walk)

헤크니액션 Hackey Action
앞다리를 높게 올리는 보양. 고답 보양. 예) 미니어처 핀셔

Exaggerated front leg movement. Like a Miniature Pinscher

걸음걸이 Gait

진도견의 걸음걸이는 1사이클, 2리듬 The gait of the Jindo dog: 1 cycle, 2 rhythms

반대편 앞발과 뒷발이 동시에 움직이는 보양으로, 장시간 작업이나 속보 움직임에도 가장 안정적이고 체력소모가 적어 신체구조학적으로 가장 경제적인 보양이다.

It is a gait in which the opposite front and rear feet move simultaneously and is the most stable for long-time trotting movements. The gait of the Jindo dog is the most efficient form of physical strength as it requires less energy.

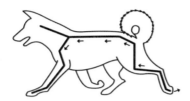 

결함 Faults

빈약한 근육 Not enough muscle

뼈가 굵거나 얇은 것 Bones too thick or too tine

바로 서지 않은 귀 Non-erect ears

처진 꼬리 및 짧은 꼬리 Dropping tail, short tail

과도한 각도 Over angulation

직선의 비절, 암소와 같은 비절, 통보양의 비절 Straight hock, cow hock, barrel hock

장모 및 단모 Long coat or short coat

흔들거리며 걷는 보양 Choppy gait, stilted gait

실격 Disqualifying Faults

음 고환 Missing testicle

과소 · 과대 크기 Undersized, oversized

지나치게 소심하거나 공격적인 성품 Overly shy or aggressive

3개 이상의 결치 More than 3 teeth missing

전답 지세

앞에서 보면 앞다리 또는 뒷다리가 앞쪽을 디디고 있는 자세(바른 자세)

Posture according to leg position seen in front

후답 지세

전답 지세의 반대(바른 자세)

Posture according to leg position seen in back (Correct posture)

광답 지세

양쪽 앞다리 또는 양쪽 뒷다리의 간격이 벌어져 있는 지세

a posture in which one's front or hind legs are open.

전고 지세

후구에 비해 전구가 현저하게 높은 자세

Front significantly higher than the rear.

O상 지세

앞다리의 완관절부가 바깥쪽으로 벌어져 발가락 부분이 근접한 지세 – 뒷다리의 비절부가 벌어져 발가락에 근접한 지세

Arm joints of forelimbs open outward and toes are close together - Toes are close due to opening of hind legs

X상 지세

양쪽 앞다리의 완관절부가 안쪽으로 근접하여 발가락 부분이 바깥쪽으로 벌어진 부정자세

An inappropriate position that the wrist joints of both front legs are attached and the toes are facing outward.

양쪽 뒷다리의 비절이 안쪽으로 꺾인 자세로 추진력을 저하하기 때문에 결점이 된다.

It is a fault because the hock joints of both hind legs are turned inwards, which reduces the power to move forward.

사지구성 Limb Composition

사지구성이 바를 때 소비되는 에너지를 줄일 수 있다. 힘의 낭비를 막는 것은 보행 시 자유롭고 가벼운 운동 능력의 힘을 전달하는 것을 말한다. 자연스럽게 움직이는 것을 관찰할 수 있으며, 사지의 구성 각도가 올바른 것은 작업능력의 힘을 나타내며, 운동 소비량을 최소로 줄여준다. 바른 사지구성 각도가 좋은 것은 그만큼 자유로운 밸런스의 표현이기 때문이다.

When watching movement, the energy being appears to be reduced. Preventing waste of force means transferring free and light motor power when walking. It is possible to observe natura movement, and the angle of composition of the limbs is correct because it refers to the power of work ability, reduces exercise consumption to a minimum, and the right angle of composition of the limbs is a very free expression of balance.

사지의 각도 Limb Angulation

전구의 어깨 각도, 후구의 고관절 각도, 무릎 관절, 비절의 각도를 말한다. 견종 표준서의 견종마다 사지의 각도에 대해서 숙지해야 한다. 사지의 각도가 바르지 않다는 것은 심사 시에 움직임이 많으며 허리가 약하다는 것이다. 즉 서 있을 때 또는 보행할 때 자유로운 모습을 볼 수가 없다. 활동하는 동물에 있어서 치명적인 결점사유가 될 수 있다. 견이 서 있을 때 움직임이 많다는 것은 사지의 각이 올바르게 형성되어 있지 않다는 것을 의미한다.

It refers to the shoulder angle of the bulb, the hip angle of the posterior bulb, the knee joint, and the angle of the splinter. Each breed standard must be aware of the angle of the limb. The incorrect angle of the limb means that there is a lot of movement during the screening and the waist is weak. In other words, you can't see freedom when you're standing or walking. It can be a fatal flaw in active animals. The fact that there is a lot of movement when the dog is standing means that the angle of the limb does not form properly.

보행 Walk

보행은 운동 능력을 평가하는 데 기본이 된다. 근육이 힘이 있게 발달되어 있는 사지골 관절 그리고 등선의 움직임을 알 수 있기 때문이다. 즉 운동 능력을 관찰하여 일할 수 있는 능력을 평가하는 기준이 된다. 보행이 바를수록 쉽게 지치지 않고 오랜 시간 움직일 수 있다.

소롱

Walking is fundamental to evaluating motor skills. This is because you can see the movement of the limb bone joint and the ridge, where muscles are strongly developed. In other words, it is a criterion for assessing a dog's ability to work by observing its motor skills. The more you walk, the easier you can move for a long time without getting tired.

보양 Movement

심사 때 개에게 상보와 속보를 시키는 이유는 3대 요소를 평가하는 기준이 되기 때문이다(답입, 배부전달, 답출). 전구의 걸음(답출)이 이행되면 그 사이는 다른 쪽 뒷다리와 교차하는 앞다리에 같은 동작으로 전진운동이 계속된다.

각도 구성이나 답입, 배부전달, 답출이 맞지 않고, 몸의 흔들림이나 각부 보행에서 전달이 나쁘면 한층 피로도가 높고 쉽게 지치며 보양 또한 흔들림을 보인다. 전체적인 보양의 동작을 평가하며 움직임이 부자연스러우면 어느 특정 부위에 문제점이 있는지를 평가한다.

Among the reasons for ordering correction during the examination, health of opinions is the standard for evaluating the three major factors. (the push of the hind legs, power/ sturdiness of the back, the reach of the front legs) When it begins with the front legs, the hind legs follow suit, but with opposite sides, and the dog is moving. When the dog is unable to move correctly, i.e. legs aren't pacing at the right times, that dog will tire faster and will be shaky as it walks. When assessing the overall movement/action, it is important to watch for unnatural movement and what part of the body is not moving correctly.

답입: 뒷다리에서 미는 힘의 자세
배부전달: 배부의 힘의 전달, 배부의 움직임
답출: 앞다리에서 뻗는 동작

체구 비율 Size Ratio

체구의 비율이 테두리 안에서 허리가 짧거나 길고, 사지골의 각도와 밸런스가 맞지 않으면 움직임이 달라진다. 그러므로 견종마다의 체구 비율을 정확하게 숙지한다.

If the proportion of the body is short or long at the waist within the edge, and the angle and balance of the limb bone do not match, there will be a noticeable change in movement. Therefore, be aware of the exact body proportions of each dog.

탄력 있는 몸 Flexible Body

탄력이 있는 몸은 어떠한 회전이나 움직임에도 잘 순응하는 몸을 말한다. 그러므로 단단한 관절과 자유로운 관절에 있어 자유스러운 활동성을 평가할 수 있다.

A flexible/elastic body has the ability to adapt well to any rotation or movement. Therefore, free activity can be evaluated in rigid joints and free joints.

근육 Muscle

근육은 그 견종 고유의 체구 비율의 테두리 안에서, 근육 발달은 운동 능력과 추진력, 전체적인 체형관리에서, 근육 조직이 골고루 발달된 골양은 운동능력 평가에서 중요한 부분이기도 하다. 개의 근육은 미세한 섬유조직의 결합이기도 하며 개의 긴장 정도에 따라 부드럽고 유연성도 있으나 긴장되면 근육은 수축되고 딱딱해진다. 근육의 뭉친 상태에 따라 운동 능력과 긴장 상태를 알 수 있다.

Muscle development within the boundaries of the breed's unique body proportion, muscle development is also an important part of the evaluation of motor ability, momentum, and overall body shape management. The muscles of a dog are also a combination of fine fibrous tissue, which is soft and flexible depending on the degree of strain in the dog, but when strained, the muscles contract and harden. You can observe a dog's motor skills and tension depending on the muscle's tightness.

골질 Bone

강인한 다리뼈의 구조는 견체 구조에서 중요하다. 우수한 뼈의 구조는 유전에 있어 중요하기 때문이다. 운동 능력에 있어 골질과 골양이 풍부해야 하는 원리이다. 뼈의 굵기는 견의 사이즈에 대응한다. 뼈의 골질이 약한 견은 사지의 각도의 비율이 맞지 않은 경우가 많으며 보행 또한 경쾌하지 못하다. 번식 가치에 있어도 많은 단점을 보이게 된다. 견체학적 미달견은 작고 귀여운 견으로 여길 뿐 아름다운 체구 구성으로 인정할 수 없다.

Stiff leg bone structure is important in solid structure. Because superior bone structure is important in heredity. It is a principle that bone and bone mass should be abundant in motor ability. The thickness of the bone corresponds to the size of the dog. Dogs with weak bone quality often do not have the right ratio of the angle of the limb, and walking is also not cheerful. There are many disadvantages to breeding values. A dog lacking substance is considered a mere cute, small dog and cannot be recognized for its beautiful physique.

골양 Caries

지방과다와 근육이 없고 살이 쪄서 후들후들하고 무른 근육은 무력한 체구와 건조도로 인해 잘 발달되지 않으며 운동 능력의 효과에서 좋은 추진력을 발휘할 수 없다.

Soft muscles, which are fat and flabby, do not develop well in helpless physique and dryness, and cannot exert good momentum in the effectiveness of motor skills.

과대견/과체중 Oversized/Overweight

몸체의 크기가 견종 표준상 오버 사이즈인 견은 몸체의 크기가 운동능력에 많은 영향을 끼친다. 크기가 커지면 근육이 횡단면적에 좌우 운동 하는 데 공급되는 힘보다 체중 쪽에 공급되는 힘이 훨씬 크기 때문에 에너지 소비가 빠르고 지구력과 탄력성 방향 전환이 늦으며, 운동장애를 가져오는 과체중도 역시 몸체 가 모든 기관에 무리를 준다. 따라서 크기가 표준을 넘으면 번식 가치에서도 좋은 자견을 배출하기 어렵다. 오버 사이즈견이나 과체중은 지구력, 경쾌함, 민첩성을 보여주기 어렵다.

When the size of the body is oversized or overweight for the dog breed standard, it has a significant effect on motor ability. As the muscle grows in size, it is much larger on the weight side than the force supplied to the left and right sides of the transverse area, so energy consumption is runs quicker, endurance and resilience are slower, and overweight, which causes motor impairment, strain all organs. Therefore, if the size exceeds the standard, it is difficult to produce good self-awareness even in breeding value. Oversized dogs or overweight endurance. Lightness. Hard to show agility.

일반 외모(수) General Appearance (Male Dog)

성징(얼굴)표현이 우수하며 귀 자세 및 각도가 우수하다. 전구의 각도는 바르나 후구의 비절 각도가 약간 부족하다. 꼬리 자세는 선 꼬리로 표현되며 모장 길이가 우수하다.

Excellent facial expression and excellent ear posture and angle. The angle of the front is good, but the angle of the hock is slightly lacking. The tail posture's angle is excellent in expression and length.

전후구 각도가 원만하나 후구 비절의 각도가 깊다. 성징(얼굴)표현에 있어 액단이 깊고 귀 자세 및 각도는 바르다. 꼬리 자세 및 배요 자세는 충실하다.

The angle of the front and back is smooth, but the hock is deep. The stop is deep in the facial expression and the ear posture and angle are correct. The tail posture and belly posture are faithful.

전체적으로 매우 둔중하며 귀 자세 및 각도는 좋으나 성징(얼굴)표현이 둔탁하다. 전지 및 후구가 매우 바르지 못하며 각도 또한 부족한 우족성을 나타낸다. 꼬리는 낚시바늘형 꼬리로 매우 바람직한 꼬리이다.

Overall, it is very dull. Has good ear posture and angle, but also a dull facial expression. The front feet and the posterior sphere are very poor and the angle is also insufficient. The legs are reminiscent of a cow's. The tail is a fishing hook tail and is a very desirable tail.

일반 외모(암) General Appearance (Female Dog)

암컷으로의 성징표현이 우수하며 귀 자세 및 눈 표현이 우수하다. 경부와 배요부가 강건하며 바르다. 전구 및 후지 각도가 우수하며 꼬리 자세도 우수하다. 좋은 자견 배출이 기대되는 견이다.

This female has excellent sexual dimorphism as a female and excellent ear posture and eye expression. Sturdy and well formed cervical and torso. Excellent front and hind legs and excellent tail posture. It is expected that she will produce well.

암컷으로의 성징(얼굴)표현 및 귀 자세가 우수하나 액단이 바르지 못하다. 전구 및 후구 각도가 우수하며 배요부 또한 강건하다. 꼬리의 자세가 바르지 못하고 모장의 길이가 짧다.

The female has excellent feminine facial expression and ear posture, but the stop is not right. The front and rear angulation are excellent and the distal part is also robust. The posture of the tail is not right and the coat is too short.

성징(얼굴)표현이 바르지 못한 수컷의 성징(얼굴)표현이다. 견갑골과 상완골의 각도 구성이 과대하며 배요부가 충실하지 못하며 후지 또한 각도가 충실하지 못하여 우족의 성향을 나타내며 역비절의 형태로 표현한다. 꼬리 자세 또한 바르지 못하다.

This expression of a male is not applied correctly. The upper arm and the front are over-angulated, the torso is not good, and rear hind legs are too angulated, expressing it in the form of a inverse proportion, and the feet resemble cow hooves. The tail posture is also incorrect.

일반 얼굴(수) General Face Appearance (Male Dog)

얼굴의 표현이 둔탁하며 구열 또한 처진 형상이다.

The face seems very hard and thick, and the jowls are too droopy.

귀 자세가 바르고 안구의 표현이 우수하나 전체적인 얼굴의 표현이 조밀하다.

The ears are well formed, and his facial features are handsome, but they are crowded on his face.

얼굴 표현이 우수하며 안구의 표현도 원만하며 귀의 자세 및 크기가 적합하다.

Excellent face, eye presentation is not bad, and his ear positioning and size is just right.

일반 얼굴(암) General Face Appearance (Female Dog)

성징(얼굴)표현이 우수하며 귀 자세도 바르고 안구의 표현도 우수하다. 두부 및 주둥이의 비율도 6:4로 바르다.

She has excellent facial expression, good ear posture, and excellent eyeball expression. The ratio of head and snout is also applied at 6:4.

성징(얼굴)표현이 바르지 못하며 두부의 기폭이 좁고 이마와 주둥이의 비율이 바르지 못하다. 액단이 함몰되어 주둥이가 들린 표현이다.

The facial expression is not good, the width of the head is too narrow, and the ratio of the forehead to the snout is not good. It is an expression in which the stop is sunken and the snout is lifted.

이마의 간격이 좁으며 전체적으로 성징(얼굴)표현이 올바르지 못하다. 또한 안구의 표현이 돌출형이다.

The gap between the forehead is narrow and the overall expression of the lack of femininity is not correct. Also, the eyeballs protrude.

액단이 너무 깊다.

Stop is too steep/deep.

액단의 흐름과 표현이 바르고 올바르다.

Correct presentation, the stop flows well gently with the face, yet is still expressed.

액단의 각이 부족하며 주둥이 흐름과 표현이 아쉽다.

There is not enough stop and you can't tell there is one easily.

입술 Lips

구열의 깊이는 좋으나 구혈의 색소가 바르지 못하여 색소유전에 바람직하지 못하다.

The depth of the mouth is good, but the pigment in the lips is not good enough for color reten-tion.

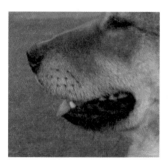

구열의 깊이가 깊지 아니하며 처진 구열로 바르지 못하다.

The depth of the mouth is not deep and cannot be applied due to the drooping jowls.

구열의 깊이가 적당하며 구열의 색소가 바람직하다.

The depth of the cleft palate is appropriate and the pigment of the cleft palate is desirable.

안색 Eye Color

안구의 형태가 매우 둥굴다.

The shape of eyeball is very round.

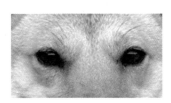

바람직한 아몬드형의 안구이며 색소 및 표현이 우수하다.

It is a desirable almond-type eyeball and has excellent pigment and expression.

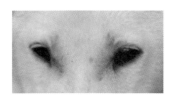

안구가 매우 작으며 안구 표현이 아쉽다.

Very small eyeballs and poor eye expression.

귀(귀 간격, 숙임 형태) Ears (Gap Between Two Ears, Angulation)

귀 자세 및 각도가 우수하며 이마 폭이 넓고 바르다.

Excellent ear posture and angle, wide forehead and applied.

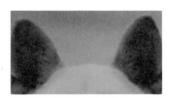

귀의 착지가 바르지 못하며 귀 간격이 좁고 선 자세가 바르지 못하다.

The position and ear set is not right, the gap between ears is narrow and the standing position is not correct.

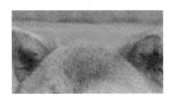

귀의 자세 및 각도가 완만하나 성징표현에 비하여 귀의 크기가 작다.

The posture and angle of the ears are gentle, but the size of the ears is smaller than the expression of sexual dimorphism suggested.

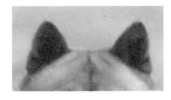

귀의 자세가 바르지 못하고 각도 구성이 미흡하다. 그리고 귀 간격이 좁다.

The posture of the ears is not right and the angle is insufficient. And the gap between the ears is narrow.

몸통(가슴, 배, 등, 허리) Body (Chest, Back, Waist)

흉심은 바람직한 깊이이며 하흉 또한 긴축되어 있으나 등선 및 견갑부가 미흡하다.

The chest is at a desirable depth, the lower chest is also tight, and the topline is insufficient.

흉심이 과심하며 등선이 완만하지 못하며 하흉 또한 긴축되어 있지 아니하고 처져 있다.

The chest is overwhelming, the topline is not gentle, and the lower thorax is also drooping, not tight.

흉심이 바르며 배요부(등)가 바르고 하흉 또한 긴축되어 있어 바르다.

Good chest, back, and a tight lower thorax.

선 꼬리로 자세나 표현은 우수하다. 좀 더 꼬리의 길이가 길었으면 한다.

Good posture and correct expression with a tail of the line. wish the tail was longer.

말린 꼬리의 형태로서 과심하며 꼬리의 끝이 등선에 닿지 아니하며 매우 외향적이다.

It is a form of curly tail, which is overbearing, and the tip of the tail curls out and is very overwhelming.

말린 꼬리로 꼬리의 착지 위치도 바르며 모장의 길이 또한 이상적이다.

The curly tail has a better landing position, and the length of the hair is ideal.

꼬리의 착지 위치가 처져 있으며 꼬리의 형태 또한 바르지 못하다.

The landing position of the tail is drooping and the shape of the tail is also incorrect.

다리 전구, 후구 Legs (Front, Back)

곧바른 전지의 형태로 바르다.

Good straight front legs.

전지의 뻗음이 바르지 못하며 외향적인 형태이다.

The front legs' stretch is incorrect and splayed.

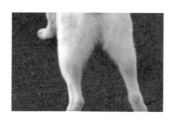

후구의 뻗음이 올바르지 못하며 좌우의 외향적인 표현으로 올바르지 못하다.

The hind legs' extension is incorrect and the left and right outward expressions are incorrect.

올바른 후구의 뻗음이다.

Correct hind legs.

304

앞발목 Front Pasterns

발목의 기장이 길며 올바르지 못하고 발통의 조임이 벌어진 발의 형태이다.

Length of the pastern is long and not correct. Feet are also open.

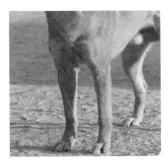

발목의 길이, 각도가 우수하며 조임 또한 바르다.

The length of the pastern is excellent and foot is also tight.

발목의 길이가 매우 짧고 조임이 올바르지 못하다.

The length of the pastern is very short and the foot is not tight.

비절의 각도가 매우 우수하다.

Hock angulation is very good.

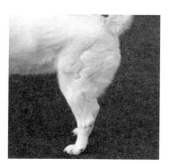

대퇴, 하퇴 및 비절의 각도가 부족하다.

Angulation of thigh and hock is lacking.

우족의 표현으로 비절의 각도가 미흡하다.

Impression of a cow's leg, hock angulation is insufficient.

단모 형태이다.

Short coated.

이중모로 바람직한 모질의 형상이다.

Desirable double-coat quality.

장모의 형태이다.

Long coated.

설화 한우리

강철

보리

천강

순아 한우리

장수한우리

진돗개가 세계적인
명견의 반열에 오르려면
우리가 정한 표준을 지켜야
진돗개를 세계에 널리 알리고
명견의 반열에 올릴 수 있는
명분이 생긴다.

백두 세마대

『국견 진돗개』를 집필하면서

나는 반려동물 행동교정전문가, 강아지 대통령, 반려동물 교육의 명인, 세계 명인이라는 타이틀을 가지고 있다. 어찌 보면 나에게는 무한한 영광이기도 하다. 나는 반려견 훈련사로 전문가가 되어 34년째 반려동물 관련 일들을 하고 있다. 이제는 한 걸음 더 나아가 FCI 세계애견연맹 전견종 심사위원이기도 하다. 전 견종을 심사 보고 평가한다는 것은 쉬운 일이 아니다. 도그쇼를 통해 견종 본질의 우수한 유전형질을 지닌 좋은 개를 배출하기 위한 노력을 해야 한다.

진돗개를 사랑하는 전문 브리더가 되기 위해서는 책임감 있는 번식 목적을 가져야 한다. 좋은 개의 특징은 미적, 쇼적인 시각적으로 보이는 아름다움도 있지만, 의도된 사항 속에서 주어지는 과제를 훌륭하게 성취해내는 능력도 있다. 순조롭게 건강한 자견을 낳으며, 질병에 대한 적응력이 우수하고, 갑작스러운 위협에도 놀라지 않고 개의치 않으며 사람들에게 분별 있게 행동하는 개로서 시종일관 좋은 진돗개를 번식하여 좋은 평가를 받는 개가 좋은 개다. 진돗개 견종의 향상을 위해 견종 표준에 가장 적합한 이상적인 개를 번식시켜 좋은 자손을 남길 수 있도록 진돗개를 이해하고 공부하는 사명감 있는 브리더가 되기를 바란다. 좋은 진돗개를 번식시키는 브리더는 그 견종 발전에 중요한 역할을 하고 있다는 자부심을 가져야 한다.

한국의 진돗개가 세계시장에 진출하고 많은 사람들에게 더욱 사랑받기 위해서 앞으로 많은 과제가 남아 있다. 『국견 진돗개』는 여러분의 진돗개에 대한 이해를 돕고, 표준에 가까운 좋은 개를 번식시키기 위한 방법을 안내한다. 우리나라의 진돗개가 세계 명견의 반열에서 뒤떨어지지 않고, 세계인에게 사랑받는 진돗개가 되기를 바란다. 끝으로 부록으로 들어간 '진도견 견종표준서'를 영문으로 옮겨준 김혜린 님께도 심심한 감사를 드린다.

2024년 10월
FCI 전견종 심사위원 이웅종

KKF 대전 진도견 스페셜 티쇼 BIS.R.BISS 수상견 시상식

교육 자료 사진 출처 Photo source of educational material

국견 협회 Kuk gyeon Hyup hei [Korean National Dog Association]

우리진돗개 (창해) U ri Jin dok gae (Chang hae) [Our Jindo dog. Book by Mr. Yoon, Hei Bon]

진도견 협회 Jin do gyeon Hyup hei [Jindo Dog Association]

진돗개 중앙회 Jin dok gae Jung ang hei [Korean Jindo dog Centrel Committeee Association]

한국 애견 연맹 Han guk Ae gyeon Yeon Maeng [Korea Kennel Federation]

한국견 협회 Han guk gyeon Hyup hei [Korea Dog Association]

저자 소개

이병억

진돗개 세계공인 추진위원장

한국애견연맹 부총재

세계애견연맹 5그룹 심사위원

한국애견연맹 심사위원

한국애견연맹 진도견협회 부회장

한국애견연맹 이사

이웅종

연암대학교 전임교수

아주대학교 의학 석사

대한명인, 세계명인

한국동물매개치료견협회 회장

KCMC 문화원 원장

둥글개봉사단 단장

FCI 세계애견연맹 인터내셔널 심사위원

(사)한국애견연맹 전견종 심사위원